# 超並列電子ビーム描画装置の開発
―― 集積回路のディジタルファブリケーションを目指して ――

江刺 正喜・宮口 裕・小島 明・池上 尚克
越田 信義・菅田 正徳・大井 英之 著

東北大学出版会

Development of Massive Parallel Electron Beam Write System:
Aiming at Digital Fabrication of Integrated Circuits

Masayoshi ESASHI, Hiroshi MIYAGUCHI, Akira KOJIMA, Naokatsu IKEGAMI,
Nobuyoshi KOSHIDA, Masanori SUGATA, Hideyuki OHYI

Tohoku University Press, Sendai
ISBN978-4-86163-296-9

# まえがき

　電子ビーム（電子線あるいはEB（Electron Beam）とも呼ぶ）でレジストを露光する方法は、半導体集積回路などを試作するためにウエハ上に微細パターンを形成する目的や、光でパターンを転写する時の原版となるフォトマスクを作製する目的で用いられている。このフォトマスクを使わないで、光や電子ビームを用いることによりウエハ上に直接パターンを形成する「マスクレス露光」や「マスクレス描画」と呼ばれる技術は、多品種少量の生産や、開発に適している。これは設計データから直接に試作品や製品を作る、「ディジタルファブリケーション」と呼ばれる技術の1つであり、いわば集積回路のディジタルファブリケーションということになる。本書でとりあげる並列の電子ビームによる描画方法は、今まで多くの試みが行われているにも関わらず実用化されていない。集積回路の微細化・高密度化の進歩は大きく、10年で100倍ほどの割合で50年ほども進歩し、今では直径300mmのSiウエハ上に1兆（$10^{12}$）個ほどのトランジスタが形成されている。このように膨大な数の描画を行う必要がある。我々は実用性や発展性を考えて、多数の電子ビームを集積回路で制御するアクティブマトリックス超並列電子ビームでこれを可能にすべく、そのプロトタイプを実現する研究を10年程進めてきた。これは2009年度-2013年度に行った最先端研究開発支援（FIRST）プログラム「マイクロシステム融合研究開発」、および2007年度-2016年度の科学技術振興機構、先端融合領域イノベーション創出拠点形成プログラム「マイクロシステム融合研究開発拠点」の支援を受けて行われた。本書はその成果をまとめたものであるが、この研究を始める前から、電子源の研究や、民間との共同研究でも並列電子ビーム描画の研究を行っており、これらについても触れている。

　第1章ではマスクレス露光と電子ビーム描画・転写について、分類し

て説明した。第2章では並列電子ビーム描画の課題、第3章では並列電子ビーム描画装置用電子源、第4章では開発してきた超並列電子ビーム描画（Massive Parallel Electron Beam Write（MPEBW））、およびそのプロトタイプによる実証実験結果、最後の第5章では応用と今後の課題について議論した。まとめ（超並列電子ビーム描画装置開発の成果と今後の展望）では、本研究の意義や実用化目標にどのように近づいたかをまとめた。各章の終わりに参考文献のリストをあげてあるが、著者リストの後に所属を括弧にまとめて入れて、どの組織が関与した仕事であるかが分かるようにした。また最後には、本研究で発表した文献の一覧をあげた。

　本格的なLSIの直接描画となるとパターンの数が膨大になるので、実用に使える時間で描画できるスループットを得ようとすると、このような極端に多数の電子ビームを並列に用いる超並列電子ビーム描画（MPEBW）装置を開発せざるを得ない。これは意味のある開発ではあるが、極めて大くの困難に挑戦するテーマであり見通しも立ちにくいため、企業で行うには限界があると思われる。10年規模の大きなプロジェクトを担当させていただく機会に恵まれたので、本研究を行うことができた。まだプロトタイプの段階ではあるが、その成果を本書にまとめ、将来の発展に期待する次第である。

　この研究を分担してきた、吉田孝、西野仁、室山真徳、吉田慎哉、金子亮介、戸津健太郎、田中秀治、小野崇人の諸氏と、東北大学試作コインランドリ、㈱田中貴金属、産業技術総合研究所の協力者、東北大学出版会の小林直之氏および貴重な御意見を頂いた査読者、上記の最先端研究開発支援プログラム、先端融合領域イノベーション創出拠点形成プログラムによる支援に謝意を表する。

平成30年　東北大学　江刺 正喜

# [目　次]

まえがき ……………………………………………（江刺正喜）　i

## 第1章　マスクレス露光と電子ビーム描画・転写 ………………　1
### 1.1　マスクレス露光（描画）………………………（江刺正喜）　1
### 1.2　各種電子ビーム描画・転写 …………………（江刺正喜）　6
　1.2.1　シングルビーム・単一カラムEB描画 ………………　7
　1.2.2　分割マルチビーム・単一カラムEB描画 ……………　8
　1.2.3　マルチカラムEB描画 …………………………………　10
　1.2.4　マルチ光電子源・単一カラムEB描画 ………………　11
　1.2.5　アクティブマトリックスマルチ電子源・単一カラムEB描画 …　11
　1.2.6　マルチ電子源・マルチカラムEB描画 ………………　12
　1.2.7　単一電子源EB転写 ……………………………………　13
　1.2.8　光面電子源EB転写 ……………………………………　14
　1.2.9　面電子源EB転写 ………………………………………　14
参考文献 …………………………………………………………　15

## 第2章　並列電子ビーム描画の課題 …………………………………　19
### 2.1　電子ビーム制御 ……………………………………（小島　明）　19
　2.1.1　電子ビーム偏向の基礎 …………………………………　19
　　(1)　静電偏向 ……………………………………………………　20
　　(2)　磁気偏向 ……………………………………………………　21
　2.1.2　電子ビームの位置制御 …………………………………　25
　2.1.3　並列電子ビームの制御 …………………………………　26
　　(1)　超並列電子ビーム描画（MPEBW）装置の縮小電子光学系 …　26
　　(2)　露光時間の計算 ……………………………………………　27

iii

|       |       | (3) 偏向時間の計算 ……………………………………… | 28 |
|---|---|---|---|
|       | 2.1.4 | 電子ビームのブランキング ……………………………… | 30 |
|       |       | (1) 単一ビーム …………………………………………… | 30 |
|       |       | (2) マルチビーム ………………………………………… | 31 |
| 2.2 | 電子ビームの集束と電子レンズ ………………………（小島　明） | 34 |
|       | 2.2.1 | 電子ビームにおけるスネルの法則 ……………………… | 34 |
|       | 2.2.2 | 代表的な電子レンズ ……………………………………… | 35 |
|       |       | (1) 静電レンズ …………………………………………… | 35 |
|       |       | 　a. アパーチャレンズ ………………………………… | 35 |
|       |       | 　b. バイポテンシャルレンズ ………………………… | 39 |
|       |       | 　c. アインツェルレンズ ……………………………… | 43 |
|       |       | (2) 磁気レンズ …………………………………………… | 46 |
|       |       | (3) 静電レンズと磁気レンズによる電子光学系 ……… | 54 |
|       | 2.2.3 | 電子ビーム露光方式 ……………………………………… | 55 |
|       |       | (1) 縮小露光 ……………………………………………… | 55 |
|       |       | (2) 等倍露光 ……………………………………………… | 56 |
|       | 2.2.4 | 電子光学系の収差 ………………………………………… | 60 |
|       |       | (1) 電子ビームの集束に伴うクーロン反発効果 ……… | 60 |
|       |       | (2) 電子光学収差 ………………………………………… | 64 |
|       |       | 　a. 回折収差 …………………………………………… | 65 |
|       |       | 　b. 色収差 ……………………………………………… | 67 |
|       |       | 　c. 幾何光学的収差 …………………………………… | 68 |
| 2.3 | 描画速度 ……………………………………（菅田正徳、大井英之） | 72 |
|       | 2.3.1 | ビーム照射に要する時間 ………………………………… | 72 |
|       | 2.3.2 | データ転送に要する時間 ………………………………… | 75 |
|       | 2.3.3 | ステージ移動に要する時間 ……………………………… | 78 |
|       | 2.3.4 | 描画準備時間 ……………………………………………… | 80 |
|       | 2.3.5 | 稼働時間 …………………………………………………… | 80 |
|       | 2.3.6 | マルチビーム駆動 ………………………………………… | 81 |

2.3.7 多重描画 …………………………………………… 82
2.3.8 欠陥補完描画 ………………………………………… 83
参考文献 ………………………………………………………… 86

# 第3章 並列電子ビーム描画装置用電子源 ………………… 89
## 3.1 研究されてきた各種電子源 ……………（江刺正喜）89
### 3.1.1 電界放射電子源（カーボンナノチューブ電子源 他）……… 90
(1) 金属電界放射電子源 ……………………………… 90
(2) カーボンナノチューブ（CNT）電界放射電子源 ……… 93
(3) ゲート耐圧を向上させたカーボンナノチューブ（CNT）電界放射電子源 …………………………………………… 96
(4) カーボンナノコイル（CNC）電子源を用いた大気中近接電子ビーム露光 …………………………………………… 97
### 3.1.2 電界放射熱電子源（ダイヤモンドショットキー電子源）… 101
### 3.1.3 光制御電子源 ………………………………………… 103
## 3.2 ナノクリスタルシリコン（nc-Si）電子源 ………（越田信義）106
### 3.2.1 原理 …………………………………………………… 106
### 3.2.2 作製法 ………………………………………………… 108
### 3.2.3 基本特性 ……………………………………………… 109
### 3.2.4 信頼性 ………………………………………………… 113
### 3.2.5 電子放出特性の向上 ………………………………… 114
### 3.2.6 まとめ ………………………………………………… 116
参考文献 ………………………………………………………… 116

# 第4章 超並列電子ビーム描画（MPEBW）………………… 121
## 4.1 システム構成 ……………………………（江刺正喜）121
### 4.1.1 開発の進め方 ………………………………………… 122
### 4.1.2 電気的収差補正 ……………………………………… 123
## 4.2 電子源アレイ ……………………………（池上尚克）126

|   |   | 4.2.1 | 平面型電子源アレイ …………………………………… | 127 |
|---|---|---|---|---|
|   |   | (1) | 構造 ……………………………………………………… | 127 |
|   |   | (2) | 電子放出特性 …………………………………………… | 129 |
|   |   | (3) | 等倍露光 ………………………………………………… | 130 |
|   |   | (4) | 製作プロセス …………………………………………… | 133 |
|   |   | (5) | 電子源アレイから放出される電子電流密度の均一化 … | 138 |
|   |   | (6) | コンデンサレンズアレイ付き電子源アレイ ………… | 145 |
|   |   | 4.2.2 | ピアース型電子源 …………………………………… | 151 |
|   |   | (1) | 構造 ……………………………………………………… | 151 |
|   |   | (2) | 等倍露光 ………………………………………………… | 152 |
|   |   | (3) | 製作プロセス …………………………………………… | 153 |
| 4.3 | 電子源駆動LSI …………………………………（宮口　裕） | 160 |
|   | 4.3.1 | 回路構成 ………………………………………………… | 160 |
|   | 4.3.2 | 電子源駆動回路 ………………………………………… | 161 |
|   | 4.3.3 | 電子源駆動LSIの絶縁分離 …………………………… | 162 |
|   | 4.3.4 | Si貫通配線 ……………………………………………… | 166 |
|   | 4.3.5 | 超並列電子ビーム描画用LSIの動作 ………………… | 167 |
|   |   | (1) | 電子源アレイとの接合の評価 ………………………… | 167 |
|   |   | (2) | 貫通配線無しでの収差補正評価機構 ………………… | 167 |
|   | 4.3.6 | 超並列電子ビーム描画用LSIの動作 ………………… | 168 |
| 4.4 | 電子源ユニットと電子ビーム制御システム ……（宮口　裕） | 170 |
|   | 4.4.1 | 100×100超並列電子ビーム描画装置 ………………… | 170 |
|   |   | (1) | 100×100電子源ユニット ……………………………… | 172 |
|   |   | (2) | 100×100カラム内LSI駆動基板 ……………………… | 173 |
|   |   | (3) | 100×100カラム外電子源制御基板 …………………… | 174 |
|   |   | (4) | 100×100電子源システム制御 ………………………… | 176 |
|   | 4.4.2 | 17×17並列電子ビーム描画装置 ……………………… | 177 |
|   |   | (1) | 17×17電子源ユニット ………………………………… | 177 |
|   |   | (2) | 17×17カラム内電子源駆動基板 ……………………… | 179 |

(3)　17×17カラム外電子源制御基板 ……………………………… 180
　　　(4)　17×17電子源システム制御 ………………………………… 181
4.5　描画装置 ………………………………………（宮口　裕）182
　4.5.1　縮小型装置と等倍型装置 ……………………………………… 182
　4.5.2　電子源部 ………………………………………………………… 185
4.6　等倍露光実験 ……………………………（宮口　裕、小島　明）187
4.7　マルチカラム化 ………………………………（小島　明）189
参考文献 ……………………………………………………………… 191

## 第5章　応用と今後の課題 ………………（菅田正徳、大井英之）195
5.1　デバイス大量生産への応用 …………………………………… 195
5.2　マルチビーム技術の直接描画への応用 ……………………… 199
5.3　マルチビーム電子源の効果的な活用方法 …………………… 202
5.4　マルチビーム1チップ直接描画装置（効果的応用例1）…… 203
5.5　光デバイス向けマルチビーム直接描画装置（効果的応用例2）… 205
5.6　マルチビームSEMへの応用（効果的応用例3）……………… 206
5.7　高安定電子源の必要性（今後の課題1）……………………… 207
5.8　高輝度電子源の必要性（今後の課題2）……………………… 209
5.9　まとめ …………………………………………………………… 211
参考文献 ……………………………………………………………… 212

## まとめ（超並列電子ビーム描画装置開発の成果と今後の展望）
　………………………………………………（江刺正喜）213

## 関係発表文献一覧 ……………………………………………… 217

## 索引 ………………………………………………………………… 225

## 著者略歴 …………………………………………………………… 227

# 第1章　マスクレス露光と電子ビーム描画・転写　（江刺）

　フォトマスクのパターンを一括転写する従来の方法と異なり、コンピュータのデータでパターンを描画するディジタルファブリケーションは少量生産や開発に適している。この光や電子を用いたマスクレス露光について1.1で概観する。1.2では電子ビームによる描画や転写を分類して説明する。

## 1.1　マスクレス露光（描画）
　半導体集積回路は1959年に米国のテキサスインスツルメンツ社やフェアチャイルド社で発明されて以来、進歩し続けてきた[1]。はじめてのマイクロプロセッサである、Intelの4004が1971年に発表された時は、最小寸法10$\mu$mでチップ上に2,300個のトランジスタが作られ、108kHzのクロック速度で動作していた[2]。10年で100倍の割合で半世紀ほど高密度化が進んできたため、今では数十nmの大きさのトランジスタがチップ上に百億個（直径300mmのシリコンウエハ上に1兆個）ほど作られて、GHzのクロック速度で動作しており、この高度な集積回路が高度情報化社会を支えている。
　この進歩を支えるのは、フォトリソグラフィやフォトファブリケーションと呼ばれる技術である。これはガラスや石英などの透明な基板にパターンを形成したフォトマスクを用い、このパターンを感光性のフォトレジストを塗布したウエハ上に光で一括転写するものである。図1.1にその原理を示してあるが、これには(a)のウエハ上に置いたフォトマスクを通して紫外線の光を照射しパターンを密着露光する等倍転写と、(b)のフォトマスクを通した紫外線を光学系で縮小してウエハ上に投影する縮小転写がある。後者は、ウエハを移動しながら多数回の転写を行うため、ステッパやスキャナと呼ばれる縮小投影露光装置を使用す

る。光で転写するのが一般に行われている方法であるが、後の1.2.7で述べるように電子が透過するようなマスクを使用して、電子ビームで転写することも可能である。これに対し図1.1 (c) に示すように、(フォト)マスクを使わずに光や電子ビームで、ウエハ上にパターンを直接描画することもできる。この場合は、多数のパターンを一括転写することはできないために、描画に時間がかかる。しかしマスクを作らずにデータから直接作るディジタルファブリケーションであるため、少量の場合は低コストになり開発などにも適している。

　転写にはこの他、図1.2のように機械的にマスクパターンを転写する方法がある。(a) のナノインプリント (NIP) では、フォトリソグラフィなどで凹凸を形成したマスクを用いて、これを別の基板上のレジストに押し付けて凹みを作り、残ったレジストはエッチングで除去する方法であり、25nmのパターンも形成されている [3]。(b) のマイクロコンタクトプリンティングでは、基板上に形成した凹凸を鋳型にしてポリジメチルシロキサン (PDMS)（シリコーン樹脂）で型を形成する。この表面にアルカンチオール分子を付けると自己組織化で単分子膜が形成される。別の基板上にTiとその上のAuを形成しておき、この自己組織化単分子膜の付いた型をスタンプのように押し付ける。アルカンチオール分子は

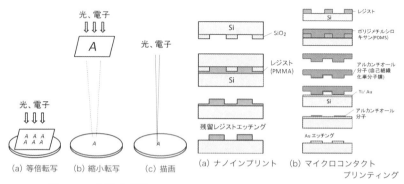

図1.1　マスク転写と描画　　　図1.2　ナノインプリントと
　　　　　　　　　　　　　　　　　　マイクロコンタクトプリンティング

Auに結合しやすいためAuの表面に転写される。この転写された膜をマスクにしてAuとTiをエッチングして基板上にパターンを形成する[4]。

一方、ディジタルファブリケーションの描画には図1.3のような方法もある。(a)は3Dプリンタであるが、この図の場合は光造形と呼ばれるもので、光硬化性樹脂を用いてそれをレーザ光などで硬化させ、3次元の構造体を形成する[5]。これを用いると型が無くても物を作ることができるので、試作品作りや少量生産を低価格で短期間に行うことができる。(b)はインクジェット法で、機能膜などの材料を吐出させるノズルを動かして描画する[6]。このほか、電子ビームの代わりに$H^+$や$Ar^+$などのイオンビームを用いる方法や[7]、走査プローブ顕微鏡の探針で描画する方法[8]などもある。

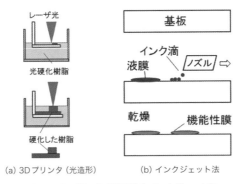

(a) 3Dプリンタ（光造形）　　(b) インクジェット法

**図1.3　3Dプリンタ（光造形）とインクジェット法**

図1.1(c)で説明した集積回路の描画について考える。光を用いる描画の例を図1.4に示す[9][10]。これでは256×256のミラーアレイ（光空間変調器）のパターンを、毎秒千フラッシュで高速に描画することができる。16μm角のミラーがそれぞれオンオフして、波長248nmのエキシマレーザ光を反射させ、1/160に縮小して基板上のレジストを露光させ、ステージを動かして100nmのパターンで描画していく。この装置は主にフォトマスクの作製に用いられるが、ウエハ上への直接描画に用いる

こともできる。

図1.5は電子ビーム(電子線あるいはEB(Electron Beam)とも呼ぶ)を用いる描画装置である。ポイントビーム方式あるいはガウシャンビーム方式と呼ばれるもので、1本の電子ビームで描画する。電子源から放射された電子は絞りを通過した後レンズで収束され、ブランカによって、電子ビームをウエハ上にあてるときだけ通過させるように制御する。偏向器で電子ビームを動かし、縮小レンズ(対物レンズとも呼ばれる)でウエハ上に集束させて露光する。偏向器で電子ビームを動かせる範囲を越えて露光するには、ステージを動かす必要がある。電子レンズにはこの例のような磁気レンズだけでなく、静電レンズも用いられる。ブランキングや偏向には主に静電力が用いられ、平行な電極に電圧を印加する。なおウエハ上への直接描画の場合には、ウエハ上にすでに形成されているパターンに合わせて描画する機能も求められる。

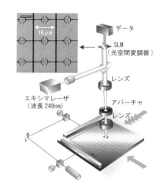
図1.4 ミラーアレイを持つフォトマスク描画装置
(マイクロニックレーザシステム社)

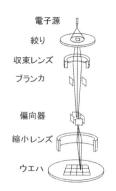
図1.5 電子ビーム描画装置
(ポイントビーム)

つぎに電子ビームで描画したときのスループットについて考える。図1.6には、図1.5のようなポイントビームで描画したときに単位時間あたり描画できるウエハ枚数を、1975年から2005年まで10年毎に示してある[11]。ウエハサイズが大きくなり、同時に図形サイズが小さくなるた

4

第1章　マスクレス露光と電子ビーム描画・転写

め、ウエハあたりの図形数や、図形を形成するための画素（ピクセル）数が増大し、単位時間あたり描画できるウエハ枚数は低下する。すなわち1975年当時に1時間に22ウエハを描画できたものが、2005年では1時間あたり0.1枚も描画できなくなった。現在ではさらに低下し、単一電子ビームによる直接描画は現実的ではなくなっている。以下で述べるような並列電子ビームによる直接描画への挑戦が行われてきたが、実用的なものにすることは容易でない。本書の目的はこれに挑戦することにあり、図1.7のような超並列電子ビーム描画（Massive Parallel Electron Beam Write (MPEBW)）について述べる。

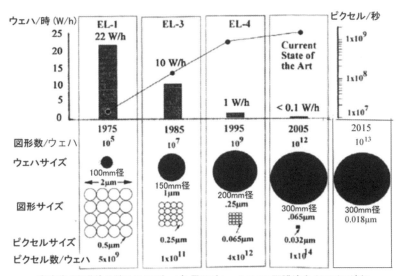

図1.6　電子ビーム描画におけるスループットの変遷

5

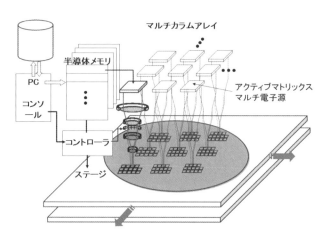

**図 1.7 超並列電子ビーム描画 (MPEBW) の概念**
(アクティブマトリックスマルチ電子源・マルチカラム縮小方式)

## 1.2 各種電子ビーム描画・転写

電子ビーム (電子線、EB) を用いた各種の描画・転写を分類して表 1.1 に示す。使われ方としては横の列のように、マスクレス描画で単一カラムとマルチカラム、マスク転写で縮小と等倍に分類できる。実現方式は

**表 1.1 電子ビーム描画・転写の分類**

| 電子ビームの種類 || マスクレス描画 || マスク転写 ||
|---|---|---|---|---|---|
| | | 単一カラム | マルチカラム | 縮小 | 等倍 |
| 単一電子源 | シングルビーム | ポイントビーム方式 ① | マルチカラム方式 ⑦ | 単一電子源縮小転写方式 ⑮ | 単一電子源等倍転写方式 ⑯ |
| | | 可変成形ビーム方式 ② | | | |
| | | 部分一括(キャラクタ投影)方式 ③ | | | |
| | 分割マルチビーム | 分割マルチビーム縮小方式(ビームブランキング) ④ | μカラムアレイ方式 ⑧ | | |
| | | 分割マルチビーム縮小方式(ディジタルパターンジェネレータ) ⑤ | | | |
| | | 分割マルチビーム個別縮小方式(ビームブランキング) ⑥ | | | |
| マルチ電子源 | 光電子源 | マルチ光電子源縮小方式 ⑨ | マルチ光電子源・マルチカラム縮小方式 ⑬ | 光面電子源縮小転写方式 ⑰ | 光面電子源等倍転写方式 ⑲ |
| | | マルチ光電子源等倍方式 ⑩ | | | |
| | アクティブマトリックス電子源 | アクティブマトリックスマルチ電子源縮小方式 ⑪ | アクティブマトリックスマルチ電子源・マルチカラム縮小方式 ⑭ | 面電子源縮小転写方式 ⑱ | 面電子源等倍転写方式 ⑳ |
| | | アクティブマトリックスマルチ電子源等倍方式 ⑫ | | | |

縦の行のように、単一電子源でシングルビームと分割マルチビームを用いるもの、マルチ電子源で光電子源とアクティブマトリックス電子源を用いるものに分類できる。以下ではそれぞれ、これらについて述べる。表中の①から⑳は図1.8から図1.16でも使用している。

## 1.2.1 シングルビーム・単一カラムEB描画

これは現在実用化されている方式である。図1.8 (a) はポイントビーム方式①で、図1.5でも説明した。実際のシステムではビームの形を修正するスティグマや、ビームをウエハに垂直にしてウエハの高さによるパターンのずれを防ぐテレセントリック電子光学系（図2.5で説明）などの工夫が行われている。(b) の可変成形ビーム (VSB) 方式②は、必要な大きさに成形した長方形のビームにより描画する方法で、長方形を多数のポイントビームで塗りつぶす必要が無い分だけスループットが向上する。正方形の開口を持つ第1アパーチャのパターンをXY方向に移動させて、第2アパーチャに投影する。第2アパーチャの正方形の開口を通過した電子ビームは必要な大きさの長方形に成形されており、これを縮小レンズや偏向器を通してウエハ上に集束させる。(c) の部分一括方式③（キャラクタ投影 (CP) 方式）では、第2アパーチャに必要な形状を持つ開口を複数用意しておき、これを選択してその形状をウエハ上に集束させる。メモリセルのパターンなどは同じ形状の繰り返しをしており、この方式でスループットを向上させることができる。(b) の可変成形ビーム方式②や (c) の部分一括方式③は、ウェハへの直接描画よりもマスク作製目的の電子ビームマスクライターに多く用いられている。

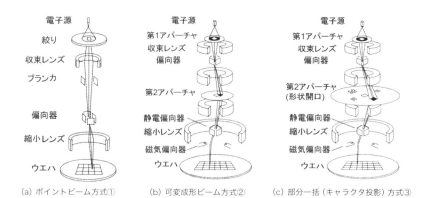

(a) ポイントビーム方式①　　(b) 可変成形ビーム方式②　　(c) 部分一括（キャラクタ投影）方式③

図 1.8　シングルビーム単一カラム EB 描画

### 1.2.2　分割マルチビーム・単一カラム EB 描画

電子ビーム描画のスループットを向上させる目的で、様々な方式が研究されている。この中で主なものは単一の電子源からの電子ビームを複数に分割し、それらのビームをオンオフして縮小しウエハ上に描画する、分割マルチビーム・単一カラム EB 描画である［12］。これには図 1.9 のようなものがある。

（a）の分割マルチビーム縮小方式（ビームブランキング）④では、平行化した電子ビームが 5keV に加速されて、アパーチャアレイを通過して複数本の電子ビームとなる。ビームブランカアレイ（図 2.5、図 2.6 で説明）でそれぞれの電子ビームをオンオフし、通過したビームを 50keV に加速してウエハ上に集束させる［13］［14］。このビームブランカアレイには駆動用の CMOS 回路が形成されている。オーストリアの IMS Nanofabrication 社では 512 × 512（262,144）本の 20nm のビームを描画するマスク作製用の装置、proof-of-concept electron multi-beam mask exposure tool（eMET POC）を発表している［15］。

（b）の分割マルチビーム縮小方式（ディジタルパターンジェネレータ）⑤では、電子ビームを曲げてディジタルパターンジェネレータ（DPG）（図 2.7、図 2.8 で説明）にあて、必要な電子ビームだけを反射させて、ウ

エハ上に集束させる［16］。DPG は 248 × 4096（1,015,808）本が 1.6μm ピッチで配列されている。これを 1/50 に縮小し 50keV で加速し、ウエハ上に 45nm のパターンを描画する。電流密度は 500μA/cm² になる。この方法では DPG に入射する電子ビームのエネルギを 1eV ほどに下げ、1-2V 程の低電圧で電子を反射できるようにしている。またビームブランキング方式のような孔の開いたビームブランカアレイが必要ないため、裏面に駆動用集積回路をアクティブマトリックスとして形成しやすい利点がある。米国の KLA-Tencor 社で reflective electron beam lithography（REBL）という名前で発表されてきたが、開発は中止されている。

　（c）の分割マルチビーム個別縮小方式（ビームブランキング）⑥では、電子源からの電子ビームが平行化し 5keV に加速されて、アパーチャアレイを通過して複数本の電子ビームとなる。ビームブランカアレイでそれぞれの電子ビームをオンオフする［17］。(a) と異なるのは、ビームブランカアレイの後はそれぞれ平行ビームのまま、ビームストッパアレイ、偏向器アレイ、縮小レンズアレイを通過してウエハ上に集束する。複数のビームを集めるとクーロン反発するため、ビームエネルギを下げられないが、このようにそれぞれのビームで集束させると、5keV という低エネルギが使える。低エネルギであるとレジストの感度が高くなるため電流を減らすことができ、また露光のスループットを大きくできる利点がある。オランダの Mapper Lithography 社が開発しており、110 本のビームで 32nm のパターンを実現しており、最終的には 13,000 本のビームで 32nm のパターンを目指している。この場合、ビームブランカアレイには光で制御信号を送る。

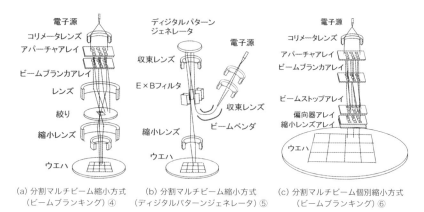

(a) 分割マルチビーム縮小方式　　(b) 分割マルチビーム縮小方式　　(c) 分割マルチビーム個別縮小方式
　　（ビームブランキング）④　　　（ディジタルパターンジェネレータ）⑤　　（ビームブランキング）⑥

図1.9　分割マルチビーム・単一カラムEB描画

### 1.2.3　マルチカラムEB描画

単一電子源のカラムを複数並べて用いた、マルチカラムEB描画を図1.10に示す。(a) のマルチカラム方式⑦では、図1.8 (a) で説明したポイントビーム方式①を並べた例を示しているが、図1.8(b)で説明した可変成形ビーム方式を並べたものや[18][19]、図1.8 (c) の部分一括方式を並べたもの[20]も発表されている。図1.10 (b) μカラムアレイ方式⑧は、電子源、絞り、偏向器、縮小レンズなどのカラムの各要素を、シリコンウエハにアレイ状に形成し、重ねて製作したものである[21]。

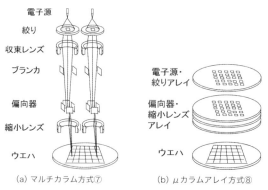

(a) マルチカラム方式⑦　　　(b) μカラムアレイ方式⑧

図1.10　マルチカラムEB描画

## 1.2.4　マルチ光電子源・単一カラム EB 描画

　裏面から光を照射することで電子を放出できる光電子源（フォトカソード）を用い、電子放出を裏面からの光のパターンで制御する、マルチ光電子源 EB 描画を図 1.11 に示す。これには (a) のマルチ光電子源縮小方式⑨ [22] と、(b) のマルチ光電子源等倍方式⑩ [23] がある。等倍で転写するには、電子ビームの方向に磁界をかけてローレンツ力で電子をウエハ上に集束させる（2.2.3 (2) の図 2.24 で説明）。

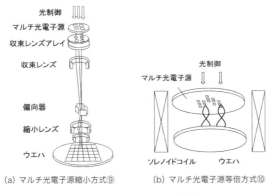

　　(a) マルチ光電子源縮小方式⑨　　　(b) マルチ光電子源等倍方式⑩
**図 1.11　マルチ光電子源 EB 描画**

## 1.2.5　アクティブマトリックスマルチ電子源・単一カラム EB 描画

　マルチ電子源の制御を内蔵した回路で行う、アクティブマトリックスマルチ電子源 EB 描画を図 1.12 に示す。超並列電子源にしてスループットを高めるには理想的な方法であり、本書で詳細を説明する。(a) のアクティブマトリックスマルチ電子源縮小方式⑪ [24] と、(b) のアクティブマトリックスマルチ電子源等倍方式⑫ [25] がある。

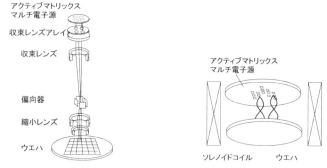

(a) アクティブマトリックスマルチ電子源縮小方式⑪　　(b) アクティブマトリックスマルチ電子源等倍方式⑫

図1.12　アクティブマトリックスマルチ電子源EB描画

### 1.2.6　マルチ電子源・マルチカラムEB描画

1.2.4や1.2.5で説明してきたマルチ電子源を用い、1.2.3と同様にマルチカラムにした、マルチ光電子源・マルチカラムEB描画を図1.13に示す。(a)はマルチ光電子源・マルチカラム縮小方式⑬、(b)はアクティブマトリックスマルチ電子源・マルチカラム縮小方式⑭である。アクティブマトリックスではないマルチ電子源・マルチカラム縮小方式が報告されている［26］。後で4.7節の図4.68から図4.70で示すように、マルチ電子源のほうがブランカを使う方式に比べカラムを小形化し易いため、マルチカラム化に適している。これは本研究が最終的な目標とする方式である。

第1章 マスクレス露光と電子ビーム描画・転写

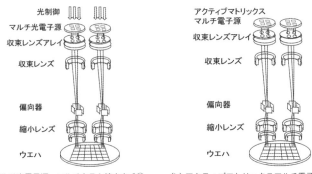

(a) マルチ光電子源・マルチカラム縮小方式⑬　(b) アクティブマトリックスマルチ電子源・マルチカラム縮小方式⑭

図1.13　マルチ電子源・マルチカラムEB描画

## 1.2.7　単一電子源EB転写

今まで、本書の目的である描画について述べてきたが、以下では図1.1 (b)や(a)で説明した縮小や等倍のマスク転写を電子ビームによって行う方法を説明する。図1.14は単一電子源EB転写で、これには (a) の単一電子源縮小転写方式⑮ [27][28] と、(b) の単一電子源等倍転写方式⑯ [29] がある。これらには電子が透過する孔の開いたステンシルマスクなどが用いられ、後者ではこれをウエハに近接させて等倍で転写する。

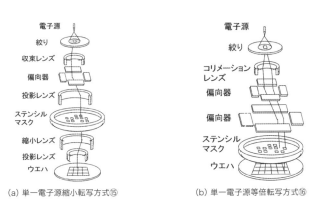

(a) 単一電子源縮小転写方式⑮　(b) 単一電子源等倍転写方式⑯

図1.14　単一電子源EB転写

### 1.2.8　光面電子源EB転写

裏面からの光で電子を放出できる光電子源（フォトカソード）(1.2.4で説明）を用い、その上にパターンを形成して、そのパターンをウエハ上に転写する光面電子源EB転写を図1.15に示す。これには(a)の光面電子源縮小転写方式⑰［30］と、(b)の光面電子源等倍転写方式⑱［31］がある。

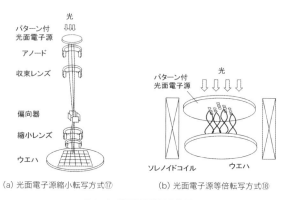

(a) 光面電子源縮小転写方式⑰　　　(b) 光面電子源等倍転写方式⑱

**図1.15　光面電子源EB転写**

### 1.2.9　面電子源EB転写

1.2.8の光面電子源を、パターンの付いた面電子源で置き換えた面電子源EB転写を図1.16に示す。これも(a)の面電子源縮小転写方式⑲［32］と、(b)の面電子源等倍転写方式⑳［33］に分けられる。面電子源としては薄い金属を透過した電子を用いるMIM (Metal-Insulator-Metal)電子源［32］や、3.2で説明するナノクリスタルSi (nc-Si)電子源［33］などを用いることができる。

第1章　マスクレス露光と電子ビーム描画・転写

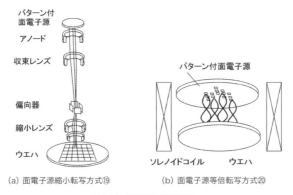

**図1.16　面電子源EB転写**

## 参考文献

[1] 相良岩男；20世紀エレクトロニクスの歩み, 日経エレクトロニクス, 1996/4/8 〜 1997/10/20.

[2] L. Gwennap；日経エレクトロニクス（1996/12/2）118-131.

[3] S. Y. Chou, P. R. Krauss and P. J. Renstrom（Univ. of Minnesota）; Imprint of sub-25 nm vias and trenches in polymers, Appl. Phys. Lett., 67 (21)（1995）3114-3116.

[4] A. Kumar and G. M. Whitesides（Harvard Univ.）; Features of gold having micrometer to centimeter dimensions can be formed through a combination of stamping with an elastomeric stamp and an alkanethiol "ink" followed by chemical etching, Appl. Phys. Lett., 63 (14)（1993）2002-2004.

[5] 小玉秀男；3次元情報の表示法としての立体形状自動作成法, 電子通信学会論文誌, J64-C（4）（1981）237-241.

[6] 大久保聡；機器の小型化の限界をインクジェットで吹き飛ばす　ーナノスケールの金属粒子の噴射で道を開く ー, 日経エレクトロニクス（2002/6/17）67-78.

[7] E. Platzgummer and H. Loeschner（IMS Nanofabrication AG）; Charged particle nanopatterning, J. Vac. Sci. Technol. B 27 (6)（2009）2707-2710.

[8] T. Ono, H. Hamanaka, T. Kurabayashi, K. Minami and M. Esashi（Tohoku Univ.）; Nanoscale Al patterning on an STM-manipulated Si surface, Thin

Solid Films, 281-282 (1996) 640-643.

［9］ P. Dürr, U. Dauderstädt, D. Kunze, M. Auvert, T. Bakke, H. Schenk and H. Lakner (Micronic Laser System AB) ; Characterization of spatial light modulators for micro lithography, Proc. of SPIE, 4985 (2003) 211-221.

［10］ T. Newman (Micronic Laser System AB) ; MEMS空間光変調技術を使用したレーザー描画装置, 金属, 77 (7) (2007) 757-761.

［11］ 有本宏 (半導体先端テクノロジーズ) ; EB描画装置の導入に向けて, 電子ジャーナル101回講演会 (EB/レーザ描画技術・装置の最前線 徹底検証) (2005/4/20) 11-22.

［12］ E. Platzgummer, C. Klein and H. Loeschner (IMS Nanofabrication AG) ; Electron multibeam technology for mask and wafer writing at 0.1 nm address grid, J. Micro/Nanolith. MEMS MOEMS, 12 (3) (2013) 031108 (8pp).

［13］ S. E. Kapl, E. Haugeneder, H. Langfischer, K. Reimer, J. Eichholz, M. Witt, H. J. Doering, J. Heinitz and C. Brandstaetter (IMS Nanofabrication AG) ; Projection mask-less lithography (PML2) : First results from the multi beam blanking demonstrator, Microelectronic Engineering, 83 (2006) 968-971.

［14］ S. E. Kapl, H. Loeschner, W. Piller, M. Witt, W. Pilz, F. Letzkus, M. Jurisch, M. Irmscher and E. Platzgummer (IMS Nanofabrication AG) ; Characterization of CMOS programmable multi-beam blanking arrays as used for programmable multi-beam projection lithography and resistless nanopatterning, J. Micromech. Microeng. 21 (2011) 045038 (8pp).

［15］ E. Platzgummer, C. Klein and H. Loeschner (IMS Nanofabrication AG) ; Results of Proof-Of-Concept 50keV electron multi-beam Mask Exposure Tool (eMET POC), Photomask Japan, Yokohama Japan (April 17-19, 2012) paper 4-2.

［16］ P. Petric, C. Bevis, M. McCord, A. Carroll, A. Brodie, U. Ummethala, L. Grella, A. Cheung, and R. Freed (KLA-Tencor Corp.) ; Reflective electron beam lithography : A maskless ebeam direct write lithography approach using the reflective electron beam lithography concept, J. Vac. Sci. Technol. B, Vol. 28 (6) (2010) C6C6 (8pp).

［17］ D. Rio, C. Constancias, M. Martin, B. Icard, J. van Nieuwstadt, J. Vijverberg, L. Pain (CEA Grenoble–MINATEC, MAPPER Lithography B.V) ; 5 kV multielectron beam lithography: MAPPER tool and resist process

characterization, J. Vac. Technol. B, 28 (6) (2010) C6C14 (7pp).
[18] T. R. Groves and R. A. Kendall (IBM Microelectronics); Distributed, multiple variable shaped electron beam column for high throughput maskless lithography, J. Vac. Sci. Technol. B 16 (6) (1998) 3168-3173.
[19] J. Gramss, A. Stoeckel, U. Weidenmueller, H. –J. Doering, M. Bloecker, M. Sczyrba, M. Finken, T. Wandel and D. Melzer (Vistec Electron Beam GmbH, AMTC, EQUIcon CmbH); Multi-shaped e-beam technology for mask writing, Proc. SPIE 7823, Photomask Technology 2010, 782309 (Sept. 24, 2010).
[20] A. Yamada, H. Yasuda and M. Yamabe (Association of Super-Advanced Electronics Technologies (ASET)); Evaluation of each electron beam and exposure results with four column cells in multicolumn e-beam exposure system, J. Vac. Sci. Technol. B, 27 (6) (2009) 2518-2523.
[21] L. P. Muray, J. P. Spallas, C. Stebler, K. Lee, M. Mankos, Y. Hsu, M. Gmur and T. H. P. Chang (Etec Systems Inc.); Advances in arrayed microcolumn lithography, J. Vac. Sci. Technol. B, 18 (6) (2000) 3099-3104.
[22] S. T. Coyle, D. Holmgren, X. Chen, T. Thomas, A. Sagle, J. Maldonado, and B. Shamoun P. Allen and M. Gesley (Etec Systems Inc., TKD, Inc.); Recent tests of negative electron affinity photocathodes, J. Vac. Sci. Technol. B 20 (6) (2002) 2657-2661.
[23] P. R. Malmberg, T. W. O' Keeffe, M. M. Sopira and M.W. Levi (Westinghouse Research Lab., Griffiss Air Force Bass); Pattern generation and replication by electron beams, J. Vac. Sci. Technol., 10 (6) (1973) 1025-1027.
[24] M. Esashi, A. Kojima, N. Ikegami, H. Miyaguchi and N. Koshida (Tohoku Univ., Tokyo Univ. of Agriculture and Technology); Development of massively parallel electron beam direct write lithography using active-matrix nanocrystalline-silicon electron emitter arrays, Microsystems & Nanoengineering, 1 (2015) 15029 (8pp).
[25] N. Koshida, A. Kojima, N. Ikegami, R. Suda, M. Yagi, J. Shirakashi, H. Miyaguchi, M. Muroyama, S. Yoshida, K. Totsu and M. Esashi (Tokyo Univ. of Agriculture and Technology, Tohoku Univ.); Development of ballistic hot electron emitter and its applications to parallel processing: active-matrix

massive direct-write lithography in vacuum and thin-film deposition in solutions, J. Micro/Nanolith. MEMS MOEMS 14 (3) (2015) 031215 (7pp).

[26] G. X. Guo, K. Tokunaga, E. Yin, F. C. Tsai, A. D. Brodie and N. W. Parker (Ion Diagnostics, Inc.) ; Use of microfabricated cold field emitters in sub-100 nm maskless lithography, J. Vac. Sci. Technol. B 19 (3) (2001) 862-865.

[27] M. B. Heritage (IBM) ; Electron-projection microfabrication system, J. Vac. Sci. Technol., 12 (6) (1975) 1135-1140.

[28] 河田真太郎（㈱ニコン）; 電子線縮小転写露光技術, 電子情報通信学会誌, 85 (11) (2002) 853-857.

[29] 野末寛, 遠藤章宏, 樋口朗, 笠原春生, 島津信夫（㈱リーブル）; 次世代電子線露光装置の開発, 応用物理, 71 (4) (2002) 421-424.

[30] M. Mankos, S. Coyle, A. Fernandez, A. Sagle, P. Allen, W. Owens, J. Sullivan and T. H. Chang (Etec Systems Inc.) ; Multisource optimization of a column for electron lithography, J. Vac. Sci. Technol. B, 18 (6) (2000) 3010-3016.

[31] R. Ward, A. R. Franklin, I. H. Lewin, P. A. Gould and M. J. Plummer (Philips Research Laboratories) ; A 1:1 electron stepper, J. Vac. Sci. Technol. B 4 (1) . (1986) 89-93.

[32] S. Tanimoto, Y. Someda, M. Okumura, H. Ohta, Y. Sohda and N. Saitoh (Hitachi Ltd.) ; Preparatory study for the matrix-pattern imaging, EB system, Jpn. J. Appl. Phys. 42 (10) (2003) 6672–6677.

[33] A. Kojima, H. Ohyi and N. Koshida (Crestec Corp., Tokyo Univ. of Agriculture and Technology) ; Sub-50nm resolution surface electron emission lithography using nano-Si ballistic electron emitter, J. Vac. Sci. Technol. B 26 (6) (2008) 2064-2067.

# 第2章　並列電子ビーム描画の課題

　この章では、前章でマルチビームやマルチ電子源と呼んだ、並列電子ビームによる描画を行うための要素技術について述べる。偏向などのビーム制御の基礎および並列電子ビームの制御 (2.1)、次に電子レンズによる電子ビームの集束 (2.2.2)、4章で用いる縮小露光と等倍露光 (2.2.3)、および電子光学系の収差 (2.2.4)、最後に描画速度がどのように決まるか (2.3) について説明する。

## 2.1　電子ビーム制御

### 2.1.1　電子ビーム偏向の基礎

　電子ビーム(電子線とも呼ぶ)を偏向するには、静電偏向と磁気偏向の2つの方式がある。

　静電偏向では電子が電界方向へ力を受ける際、その力は電界の大きさに比例する。これは直接描画方式や可変成形ビーム方式の描画装置で、偏向器として使用されている [1]。高周波の偏向信号による高速偏向にも適している。8極子の偏向器では電子ビームを整形する非点補正子(スティグメータ)を兼ねることもできる。

　磁気偏向の場合は電子の運動方向がサイクロトロン運動によって変化するので、静電偏向に比べ直線性は劣り、電磁石のヒステリシスのために電流制御も複雑になる。一方、ローレンツ力が電子の速度と磁界の外積になり、静電偏向に比べて偏向角度を大きくすることができる。このため、偏向角を大きくする電子顕微鏡やCRT、高い加速電圧の電子ビームを偏向する場合等に適している。電磁石のコイルの配線は絶縁物で被覆されており、電子ビームが当たるとチャージアップやガス放出を起こすため、非磁性の隔壁で真空領域から隔離する必要がある。

以下ではこれらの二つの偏向方式における電子軌道を数式で表現する。

(1) 静電偏向

静電偏向を図2.1に示す。平行平板による電子ビーム偏向電極で、電極間の電界Eが一様であるとする。$V_{def}$を偏向電圧、dを電極間隔とすると

$E = V_{def}/d$

となる。$m_e$を電子の質量、$\alpha$を電子の加速度、eを電子の電荷とするとy方向における電子の運動方程式より

$m_e \alpha = eE$

であり、$u_z$をz方向の電子の速度、$\ell$を電極長とすると、極板間を電子が通過する時間tは次のようになる。

$t = \ell / u_z$

以上から、電極板から出た電子のy方向の速度$u_y$は下の式で表される。

$u_y = \alpha t = eV_{def}\ell / (d\, m_e u_z)$

偏向角度$\theta$については、以下の関係になり、

$\tan\theta = u_y/u_z = eV_{def}\ell / (d\, m_e u_z^2)$　　　(2-1)

Z方向へ電子を加速する電圧を$V_{acc}$とすると、電子が電極板に入射する時の運動エネルギは次式になる。

$eV_{acc} = m_e u_z^2/2$

これの$u_z^2$を式(2-1)に代入すると、偏向角度$\theta$と偏向電圧$V_{def}$や加速電圧$V_{acc}$の関係は以下のように表せる。

$\tan\theta = (V_{def}/V_{acc}) \times (\ell/2d)$

$\theta = \tan^{-1}[(V_{def}/V_{acc}) \times (\ell/2d)]$　　　(2-2)

第 2 章　並列電子ビーム描画の課題

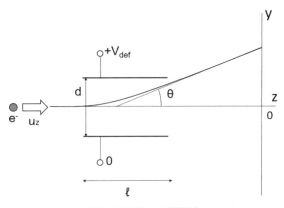

図2.1　電子ビームの静電偏向

(2) 磁気偏向

磁気偏向では図2.2に示すように、電荷はローレンツ力により磁界を中心軸とする円運動を行い、その運動の時間周期は$2\pi/\omega$（$\omega$はサイクロトロン角周波数$\omega = eB/m_e$、ここでeは電子の電荷、Bは磁界強度、$m_e$は電子の質量）となる。

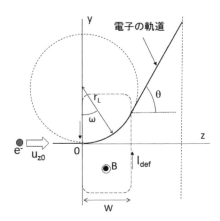

図2.2　電子ビームの磁気偏向

以下ではその関係について説明する。図中の4角形の点線で示される領域において紙面に垂直で手前に向かう方向（x軸方向）にソレノイドコイルが磁場Bを発生していると仮定する。その領域のz軸方向の幅はwである。x軸の方向に無限の長さを持つ理想的なソレノイドコイルに、電流$I_{def}$を流した場合に得られる磁界Hは、H = n $I_{def}$ で表される。ここで、nは1mあたりのコイルの巻き数を示している。真空中での磁場B = $\mu_0$ Hの関係式から、B = $\mu_0$ n $I_{def}$ である。ここで$\mu_0$は真空の透磁率を示している。電子はy-z平面内に作られたソレノイドコイルのギャップ（隙間）を通過すると仮定する。静止座標系で見た場合の電子の運動方程式は、電界が存在しない場合、次式で示される。

$$\begin{cases} m\dfrac{du_x}{dt} = 0 \\ m\dfrac{du_y}{dt} = eu_z B & (2\text{-}3) \\ m\dfrac{du_z}{dt} = -eu_y B & (2\text{-}4) \end{cases}$$

ここで、mは電子の質量、$u_x, u_y, u_z$ はそれぞれ電子の速度のx, y, z成分、Bは向きがx軸方向の磁場で、右辺はローレンツ力となる。式(2-4)をtで微分すると、

$$m\dfrac{d^2 u_z}{dt^2} = -e\dfrac{du_y}{dt}B$$

が得られる。上式の右辺に式(2-3)を代入する。

$$m\dfrac{d^2 u_z}{dt^2} = -e\,\dfrac{eu_z B}{m}\,B$$

$$\dfrac{d^2 u_z}{dt^2} = -u_z \left(\dfrac{eB}{m}\right)^2 \qquad (2\text{-}5)$$

同様に、式(2-3)をtで微分すると、

$$m\dfrac{d^2 u_y}{dt^2} = e\dfrac{du_z}{dt}B$$

が得られる。上式に式 (2-4) を代入する。

$$m\frac{d^2u_y}{dt^2} = -e\frac{eu_yB}{m}B$$

$$\frac{d^2u_y}{dt^2} = -u_y\left(\frac{eB}{m}\right)^2 \qquad (2\text{-}6)$$

$u_z = A\cos(\omega t)$ , $u_y = A\sin(\omega t)$ とおき、それぞれ式 (2-5)、(2-6) に代入すると、

$$\begin{cases} A\omega^2\cos(\omega t) = A\cos(\omega t)\left(\frac{eB}{m}\right)^2 \\ A\omega^2\sin(\omega t) = A\sin(\omega t)\left(\frac{eB}{m}\right)^2 \end{cases}$$

したがって、$\omega = eB/m$ とするならば、$u_z = A\cos(\omega t)$, $u_y = A\sin(\omega t)$ が式 (2-5)、(2-6) のそれぞれ1つの解になる。これらの解は、磁場の方向 (x軸) に垂直なz方向へ入射した電子がy-z平面内で円運動を行うことを示している。円運動の角速度$\omega$はeB/mとなる。

さらに、$u_z = A\cos(\omega t)$ , $u_y = A\sin(\omega t)$ のそれぞれを時間tで積分すると、

$$\begin{cases} z = \dfrac{A}{\omega}\sin(\omega t) + C_1 & (2\text{-}7) \\ y = -\dfrac{A}{\omega}\cos(\omega t) + C_2 & (2\text{-}8) \end{cases}$$

となるが、(y, z) の初期値を $(y_0, z_0) = (0, 0)$ として、式 (2-7)、(2-8) に代入すると、$C_1 = 0$, $C_2 = A/\omega$ が得られ、次式のようになる。

$$\begin{cases} z = \dfrac{A}{\omega}\sin(\omega t) & (2\text{-}9) \\ y = \dfrac{A}{\omega}\{1 - \cos(\omega t)\} & (2\text{-}10) \end{cases}$$

$(y_0, z_0) = (0, 0)$ における、y方向とz方向の速度の初期値を $(u_y, u_z) = (0, u_{z0})$ とすると、

$$u_{z0} = \left.\frac{dz}{dt}\right|_{t=0} = A$$

となる。このため式 (2-9)、(2-10) は A = $u_{z0}$ を入れると次式を満たす。

$$z^2 + \left(y - \frac{u_{z0}}{\omega}\right)^2 = \left(\frac{u_{z0}}{\omega}\right)^2 \qquad (2\text{-}11)$$

式 (2-11) は、図2.2のソレノイドコイルが発生する磁場の下での電子の軌道を示している。この円運動の軌道の半径$r_L$は $\omega$ = eB/m の関係から $r_L = u_{z0}/\omega = u_{z0}m/(eB)$ である。$r_L$はラーモア半径と呼ばれている。偏向角 $\theta$ を求めるために式 (2-11) を変形すると

$$z^2 + (y - r_L)^2 = r_L^2$$

$$y = r_L \pm \sqrt{r_L^2 - z^2}$$

になるが、仮定より z = 0 において y = 0 なので、平方根の前の符号は－であり、次式となる。

$$y = r_L - \sqrt{r_L^2 - z^2}$$

$\theta$ は z = w における傾き dy/dz から以下のように求められる。

$$\frac{dy}{dz} = \frac{1}{2}\frac{2z}{\sqrt{r_L^2 - z^2}} = \frac{z}{\sqrt{r_L^2 - z^2}}$$

$$\left.\frac{dy}{dz}\right|_{z=w} = \frac{w}{\sqrt{r_L^2 - w^2}}$$

$$\tan \theta = \frac{w}{\sqrt{r_L^2 - w^2}}$$

$$\theta = \tan^{-1} \frac{w}{\sqrt{r_L^2 - w^2}}$$

## 2.1.2 電子ビームの位置制御

電子ビームでウエハに直接描画する場合の偏向器の役割は、描画すべきターゲット面上で電子ビームの位置を制御することにある。しかし電子ビームを精度良く一度に走査できる範囲はせいぜい数mm程度であるので、ウエハ全体を描画するにはウエハをステージに乗せて移動させる必要がある。このため一般的に用いられているステップアンドリピート方式では、ある範囲（数$10\mu$m角から数mm角の大きさ）を描画した後に、ウエハを次の描画位置まで動かし、静止してから描画を行う動作を繰り返す。

描画システム内で電子ビーム偏向器とスケール付きのステージ、そしてターゲットウエハのそれぞれが別々の座標空間を持っており、一致していない。これらは、描画を行う前にそれぞれ座標補正を行って一致させなければならない。座標空間の基準となるスケールには、レーザ干渉計を用いた測長系が用いられることが多く、ステージ上に取り付けられた位置決めマーカを、測長系を基準として動かし、その時の偏向器の偏向信号（振り幅）を測長系の座標に一致させる。位置決めマーカを電子ビームで走査する全域に動かして、偏向器の偏向信号補正を行うことで、偏向器とステージの座標空間は一致する。

さらに、ウエハ上のアライメントマークが作る座標空間は、上記のシステムの座標空間とは一致しないため、それに対して偏向信号を補正しなければならない。アライメントマークは、プロセスの際にレジストで覆われても電子ビームがレジストを貫通して効率良く反射されるように、原子番号の大きい金属で作られる。金属汚染などを考慮しなければならない場合は、シリコンに$1\mu$m以上の段差を作り用いる。アライメントマークはウエハ全体の位置決めを行うためのウエハマーク、チップ毎の位置決めを行うためのチップマークに分類される。経験上$0.5\mu$m以上のパターン描画の場合は、ウエハマークだけで良いとされている。

実用時における描画位置精度悪化の要因として、環境温度変動によるターゲットの寸法変化や電子光学系のレンズ寸法変化による光学特性の

変化、機械的な振動、電磁ノイズによる偏向角度誤差発生などが考えられる。描画システムに由来するターゲット位置の変動は予測が可能であるが、外部要因による変動は予測が難しくなるため、温度、振動、電磁ノイズは極力外部と遮断する。温度調整器や防振装置、電磁シールド等がこれらの対策として用いられている。

　高精度描画のために細いビームサイズを得て、その電流を精密に制御することは勿論重要であるが、電子ビームの位置制御によって描画されるパターン形状が決まるため、上記の位置決めプロセスが鍵となる。この作業はシングルビームシステムならば人手により調整が可能であるが、マルチビームシステムにおいては、全てのビームにおいてこの位置決めプロセスが自動的に行われることが求められる。

### 2.1.3　並列電子ビームの制御

　静電偏向におけるビーム走査速度、およびアクティブマトリックス電子源で生成された並列の電子ビームによるターゲット上の日本ゼオン社製ZEP520レジストへの露光時間を計算する。

(1) 超並列電子ビーム描画（MPEBW）装置の縮小電子光学系

　超並列電子ビーム描画（MPEBW）装置については、改めて4章で図4.48（構成）や図4.61（外観）および図4.62（内部）を示すが、ここではその縮小電子光学系を図2.3に示す。アクティブマトリックス電子源アレイは、大きさが$10\mu m$角の電子源が10mm角の領域に$100\mu m$ピッチで$100\times100$配列され、-5kVにバイアスされている。それぞれの電子源からの電子ビームは、コンデンサレンズアレイで1/10となり、$1\mu m$角の電子源に相当する電子ビームに縮小集束される。GND電位のアノードアパーチャアレイで加速された$100\times100$の電子ビームアレイは、縮小レンズにより1/100に縮小されてターゲットウエハ上に集束される。$10\mu m$角の電子源の像は1/1000（=(1/10)×(1/100)）に縮小され、ターゲットウエハ上では10nm角の画素となり、また$100\times100$個の電子源アレイ

の像は、10nm角の画素が1μm（フィールドサイズ（Fs））周期で100μm角に並ぶことになる。すなわちターゲットウエハ上では、このFsの1μm角を、10nm角の画素で塗りつぶす形で描画を行う。個々の電子ビームの縮小に関しては図2.3の右で説明するように、ターゲットウエハ直上にビームの中心軌道が重なる領域ができるが、それぞれの電子ビームはウエハ上でしか集束しないクロスオーバフリーの電子光学系になっており、2.2.4（1）で説明するクーロン反発の影響は小さくなっている。

電子源の電流密度が100μA/cm²の場合、描画に用いられるビーム電流は、

$$100 \times 100 \times (10 \mu m)^2 \times 100 \mu A/cm^2 = 10^4 \times (10 \times 10^{-4} cm)^2 \times 100 \mu A/cm^2$$
$$= 1 \mu A$$

であり、ターゲットウエハ上における10nm角の、個々の電子ビームによる電流（プローブ電流（$I_p$））は100pA（＝1μA/(100×100)）となる。この条件で、ZEP520レジストへの露光時間を計算する。

## （2）露光時間の計算

単位面積当たりのレジストを露光するのに要する電荷量（レジスト感度（Rs））が30μC/cm²の場合の、露光時間を計算する。フィールドサイズ（Fs）の1μm角を塗りつぶすのに要する露光時間Tsは、

$$T_s = (R_s \times F_s^2)/I_p$$
$$= 30 \mu C/cm^2 \times (1 \mu m)^2/100pA$$
$$= (30 \times 10^{-6} C/cm^2) \times (1 \times 10^{-4} cm)^2/(1 \times 10^{-10} C/s)$$
$$= 3 \times 10^{-3} s = 3ms$$

となる。また10nm角の電子ビームで1μmのフィールドを塗りつぶすには100×100回露光する必要があるため、単位画素あたりの露光時間ΔTsは、

$$\Delta T_s = T_s/(100 \times 100) = 3 \times 10^{-7} s = 300ns$$

となる。

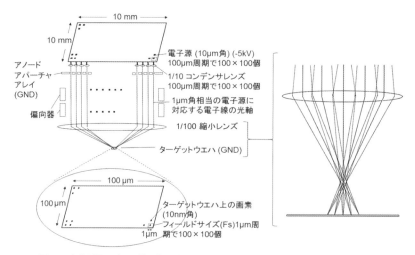

図2.3 超並列電子ビーム描画装置プロトタイプ機（MPEBW）における縮小電子光学系

(3) 偏向時間の計算

図2.4に静電偏向のための偏向器と対物レンズの位置関係を示す。電子ビームが1μmのフィールドサイズ（Fs）を走査するために必要な振れ幅は、第1偏向器において100μmである。2段目（縮小レンズに近い側）の第2偏向器は、電子ビームが光軸と常に平行になるように、同じ振り幅で逆方向に偏向するためのものである。なお電子ビームの加速電圧を5kV、縮小レンズでの縮小率を100とした時の、縮小電子光学系の縮小レンズとターゲットウエハ間の距離（ワーキングディスタンス（WD））は23mmとなっている。

2つの偏向器による最大の振れ幅を求める。偏向器の長さ $\ell$ を20mm、加える最大の電位差Vdefを80V、電子ビームの加速電圧Vaccを5kV、偏向器間の距離dを70mmとし、最大の振り角 $\theta_{max}$ を式（2-2）で求めると以下のようになる。

$\tan\theta_{max} = (V_{def}/V_{acc}) \times (\ell/2d)$

$= (80V/5000V) \times \{20mm/(2 \times 70mm)\} = 0.00229$

$\theta_{max} = 2.78$ mrad（0.16度）

第 2 章　並列電子ビーム描画の課題

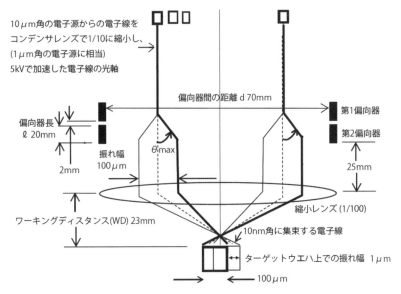

図2.4　MPEBWにおける静電偏向電極と対物レンズの位置関係

　第1偏向器の中点から第2偏向器の中点までの距離が22mmであることから、最大の振り幅は、

　　$2\theta_{max} \times 22\text{mm} = 100\mu\text{m}$

である。対物レンズで1/100されると、ターゲットウエハ上で1μmの振れ幅が得られる。

　偏向信号アンプのスルーレートをアナログ走査方式において400V/1μsとすると、1μmの走査（100行の内の1行）に0.2μs（= 80V/（400V/1μs））かかることになる。したがってフィールドサイズ$F_s$の1μm角全体を走査するのに要する時間は20μs（= 0.2μs×100）となる。

29

### 2.1.4 電子ビームのブランキング

(1) 単一ビーム

電子ビームのスイッチングは、電子源のオンオフかビームブランキングによって行われる。熱電子放出型やショットキ放出型の電子銃はヒータの高温加熱により電子放出を行うのが一般的であるため、電子源自体の高速スイッチングは不可能である。ビームブランキングの機構は偏向器と同じであり、偏向されたビームがブランキング用アパーチャによって遮断されることでスイッチングが行われる。

後で図2.36でも説明するように、ターゲット上のある画素の描画を行った後に、描画領域から別の位置に電子ビームを移動させて他の画素の描画を行うと、ビーム移動中に関係のない場所に電子ビーム照射を行うことになる。ブランキング時にターゲット上を電子ビームがなぞらない様にするためには、ブランキング用の偏向器を2段にし、ターゲット上でビームを動かさずにビームを遮断する方法などが用いられる。図2.5に示すマルチビームシステムのビームブランキングでは、対物レンズ（縮小レンズ）の2つの凸レンズの間に生じるクロスオーバ点の位置に、ブランキング用のアパーチャを置き、その点から少しでもビーム位置がずれるとターゲット上ではビームが消失する仕組みになっている。

一般的な平行平板型ブランカは一対の対向する平行平板で構成され、ブランキング時間は平行平板電極の静電容量と、ブランキングに必要な電圧を発生する増幅器の電流駆動能力に依存する。同じブランキング電圧では平板電極が長いほどビームは大きい角度で偏向するが、静電容量は大きくなりスイッチング速度が低下する。平行平板型ブランカにおいて、ビーム偏向角度$\theta$は式（2-2）で表され、ビームブランキングのOn/Off時間$\Delta t$は以下のようになる。

$$\Delta t = T_r(D_A + D_B)/(L\theta)$$

ここで、$D_A$はブランキング用アパーチャの直径、$D_B$はアパーチャ通過時の電子ビームの直径、$T_r$はブランキング電圧の立ち上がり時間、$L$はブランカからアパーチャまでの距離である。$L$、$\theta$を大きくすれば$\Delta t$

を小さくできることが分かる。また、ブランキング時の電子の加速電圧は数kV程度の比較的低い電圧にしておき、ブランキング後に高い電圧で加速する方法を取ることが多い。

(2) マルチビーム

熱電子放出型やショットキ型の電子銃から広角で放出された電子ビームを、コンデンサレンズで光軸に平行なビームに変え、アパーチャアレイを通して並列電子ビームを得る方式が、マルチビームシステムでよく用いられている。この方式の場合、描画パターンに応じて描画に必要なビームを選択するブランキング機構が必要である。IMS Nanofabrication社のeMET（Electron Mask Exposure Tool）や、Mapper Lithography社のFLXでは、描画に不要なビームの進行方向を静電偏向器アレイにより曲げ、後段のブランキング用アパーチャによって遮断する［2］。なお本研究のアクティブマトリックス電子源アレイを用いた場合は、電子源自体をOn/Offするため、このビームブランキングの機能は使わない。

IMS Nanofabrication社がマルチビームマスクライター用に開発したブランキング方式は、図2.5のように静電偏向器アレイで構成されるプログラマブルアパーチャープレートシステム（APS）を用いている。16.4mm角の領域に32μmピッチで512×512の偏向器が配列されており、偏向電極とグランド電極からなる偏向器が、集積化されたCMOS ICにより駆動される。その偏向電圧$V_{def}$を0から3.3Vに変えることで、9μm角の開口を通過する電子ビームを曲げる。偏向器に入射する電子の加速電圧$V_{acc}$が5keVの場合に、偏向器の高さ$\ell$が30μm、間隔dが10μmとして偏向の角度を概算すると、静電偏向の説明における式（2-2）から、

$$\theta = \tan^{-1}\left[(V_{def}/V_{acc}) \times (\ell/2d)\right] = \tan^{-1}\left[(3.3V/5000V) \times (30\mu m/2 \times 10\mu m)\right] \fallingdotseq 0.001$$

となり $\theta$ は1mrad（0.057度）となる。

縮小レンズは、ウエハの高さが変わっても像の大きさが変わらないテレセントリック光学系となっており、2つの凸レンズの間のクロスオー

バ点にブランキング用のアパーチャを置いて、偏向された電子ビームを遮断している。図2.6には図2.5の上側から見たAPSの偏向器の配置を示した。

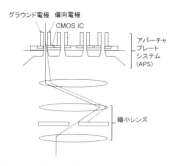

図2.5　プログラマブルアパーチャプレートシステム（APS）によるビームブランキング
（IMS Nanofabrication社）

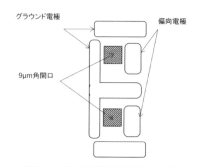

図2.6　APSの偏向器の配置（2アレイ）
（IMS Nanofabrication社）

KLA-Tencor社のREBL（Reflective Electron Beam Lithography）では、電子ミラーアレイ上のデジタルパターンジェネレータ（DPG）を用いて描画に不要なビームの進行方向を曲げ、後段のブランキング専用アパーチャによって遮断する[3]。図2.7にその構造を示すが、用いるDPGは後の図2.13と図2.14で説明するアインツェルレンズのアレイを、電子ミラーアレイに集積したものである[2]。まず点電子源で発生した電子ビームをコンデンサレンズにより面電子ビームにし、DPGの0.4mm×6.6mmの領域に存在する248行×4096列の電子ミラーアレイに照射する。どの電子ミラーで電子ビームを反射しあるいは吸収させるかを決めるため、描画パターンに応じてCMOS ICで作られた電圧を電子ミラーに加える。反射された電子ビームはアインツェルレンズで集束され、ビームアレイが縮小電子光学系を通してターゲットウエハ上に一括照射され、露光に用いられる。

図2.8にビームOn/Off時の電子軌道を示した。ミラーに印加される電圧はビームOn（描画に使用）時で-1.85V、Off時で0.20Vである。ビー

ムOff時には図2.5で説明したAPSの場合と同様に、縮小レンズの2つの凸レンズ間のクロスオーバ点にブランキング用アパーチャを置いて電子ビームを遮断している。ミラーアレイのピッチは1.6μmである。1行248個のミラーは8ブロック31個に分けられている。各ブロックは32レベルのグレースケールに対応してビーム強度を制御している。8ブロックの重ね描画により、レンズ特性の不均一性と電子ビーム照射量のばらつきを平均化している。この1組248個が1つの画素を描画し、4096組のアレイによって並列描画を行っている。

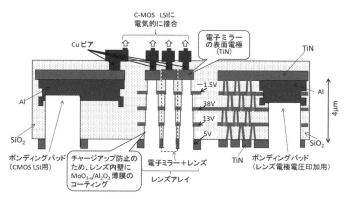

**図2.7 ディジタルパターンジェネレータ (DPG) の断面構造 (KLA-Tencor社)**

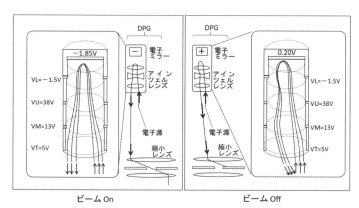

**図2.8 DPGによるビームブランキング (KLA-Tencor社)**

## 2.2 電子ビームの集束と電子レンズ

### 2.2.1 電子ビームにおけるスネルの法則

　光線におけるレンズやミラーと同様に、電子ビームにもレンズやミラーが存在する。電子ビームを集束するツールとして、複数の円筒形の電極を直列接続した静電レンズや、コイルとそれを覆うヨークからなる磁気レンズが用いられる。いずれも、電子軌道を屈折させて電子ビームを集束する点で光学レンズに類似している。

　光学レンズにおける光線の屈折は、スネルの法則で説明されている。光の速度は屈折率に反比例するので、図2.9 (a) に示すように低い屈折率$n_1$の空間から入射角$\theta_1$で高い屈折率$n_2$の空間に幅dで界面に入射する光の波は、屈折率$n_2$の空間に入った部分では遅くなって$d \sin\theta_2$しか進めない（波長が小さくなる）。その間に屈折率$n_1$の空間を伝搬している部分は$d \sin\theta_1$進める（波長が大きいままである）。この違いにより波頭は方向を変え屈折が生じ、$n_1 \sin\theta_1 = n_2 \sin\theta_2$が成り立つ。

　電子ビームの屈折においてもスネルの法則が用いられる。電子ビームの場合では、直進運動する電子が、より正電位の空間に垂直に入射すると、その電位差に相当する運動エネルギを獲得して速くなる。一方、図2.9 (b) に示すように、電子が低い正電位の空間から高い正電位の空間に斜めに入射すると、2つの空間の界面において、界面に平行な速度成分は保持されたまま、界面に垂直な速度成分が増大するので、電子の運動方向が変わる（屈折する）。

　ここで、電位0の空間において速度0の電子が、電位$V_1$の空間に入ったと考えると、その時の電子の速度は$u_1 = (2eV_1/m)^{1/2}$となる。さらに、$V_2$の空間に入った時の電子の速度は$u_2 = (2eV_2/m)^{1/2}$となる。各空間の界面に平行な速度成分が保持されることに着目すると、$u_1 \sin\theta_1 = u_2 \sin\theta_2$が成り立つ。したがって$V_1^{1/2} \sin\theta_1 = V_2^{1/2} \sin\theta_2$が得られる。$V_1^{1/2}$を$n_1$、$V_2^{1/2}$を$n_2$と置き換えると、光線のスネルの法則と同じ形の式になっている。

第 2 章　並列電子ビーム描画の課題

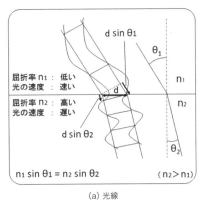
(a) 光線

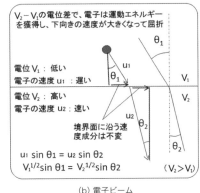
(b) 電子ビーム

図 2.9　光線と電子ビームのスネルの法則比較

## 2.2.2　代表的な電子レンズ

　静電レンズは、高速で焦点距離を変化させる用途や、また質量によらず集束できることから集束イオンビームの縮小レンズなどの用途に用いられている。

　磁気レンズは、ローレンツ力が電子の速度に比例するため高加速電圧の場合に適している。なお磁気レンズでは焦点距離が荷電粒子の質量に依存する（後述する磁気レンズの焦点距離を表す式 (2-26) で、焦点距離は質量 m に比例する）。

### (1) 静電レンズ

　基本的な静電レンズには、アパーチャレンズ、バイポテンシャルレンズ、およびアインツェルレンズがある。電子光学系の設計にあたり、レンズ構造およびそれによって作られる電界と焦点距離の関係を知る必要がある。

#### a.　アパーチャレンズ

　最初にアパーチャレンズの焦点距離について説明する（図 2.10 (a) (b)）[4]。円形アパーチャに電子源を基準として $V_1 > 0$ の電位を与え、

35

電子ビームの入射側（左）と出射側（右）のそれぞれの電界強度を$E_1$、$E_2$とする。$E_1 < E_2$ならば、アパーチャは凸レンズ作用を生じ、電子ビームは$V_1$、$E_1$、$E_2$で決まる焦点距離faに集束する。なお$V_1$、$E_1$、$E_2$と焦点距離faの関係は後の式(2-15)で説明する。$E_1 > E_2$ならばアパーチャは凹レンズ作用を生じ、電子ビームはアパーチャを通過した後に拡がる。この凹レンズの後ろ側の焦点距離fbも$V_1$、$E_1$、$E_2$で決まる。

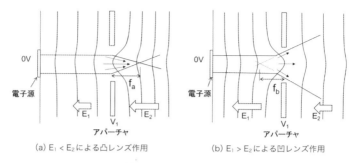

(a) $E_1 < E_2$による凸レンズ作用　　(b) $E_1 > E_2$による凹レンズ作用

図2.10　アパーチャレンズ

　注意すべきことは、レンズ作用を発生しているのはアパーチャ両端の電界強度の差になることである。これに対して後で述べるアインツェルレンズ（図2.13、図2.14）では、レンズ作用を示す空間がレンズ構造の近傍に限られ、かつ入射時と出射時の電子のエネルギが同じである。このためアパーチャレンズと異なり単独のレンズとして光学系を設計することができる。

　レンズ特性を決める電界は、ラプラス方程式（静電界などに成り立つ微分方程式）を解くことにより得られる。図2.11において光軸方向をz軸、半径方向をrとし、円筒座標系(z, r)での電位V、光軸方向の電界$E_z$、半径方向の電界$E_r$の関係を求める。なお、円筒座標系では光軸を回転軸とする回転角$\phi$を導入するが、静電界では回転角方向の電界は0になる。

第 2 章　並列電子ビーム描画の課題

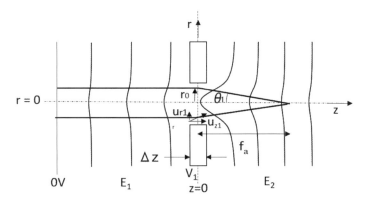

**図 2.11　アパーチャレンズの焦点距離**

ラプラス方程式は

$$\nabla^2 V = \frac{\partial E_z}{\partial z} + \frac{1}{r}\frac{\partial (rE_r)}{\partial r} = 0 \qquad (2\text{-}12)$$

で表される。これは、電荷が存在しない微小空間（$\Delta z, \Delta r, \Delta \phi$）においては、入る電気力線の数は出る電気力線の数と等しいことを意味する。2項目の分母および分子のrは、それぞれ、円筒座標系における電気力線数の密度を補正している。まず分母のrに関してであるが、円筒座標系のために微小空間の体積はrに比例して増えるので、rで割り算をしなければz方向での電気力線数との加算ができない。また、分子のrについては、ある微小空間の形状は光軸を回転軸とする扇型になっているため、その微小空間において半径方向への電気力線の数が保存されるには、r × $E_r$ の変化が0でなければならない。式（2-12）を変形する。

$$-r\frac{\partial E_z}{\partial z} = \frac{\partial (rE_r)}{\partial r}$$

37

両辺をrで積分する。

$$-\frac{r^2}{2}\frac{\partial E_z}{\partial z} = rE_r$$

$$E_r = -\frac{r}{2}\left(\frac{\partial E_z}{\partial z}\right) \quad (2\text{-}13)$$

式 (2-13) が円筒座標系の静電レンズにおける、半径方向の電界強度 $E_r$ と光軸方向の電界強度 $E_z$ の関係を示している。続いて、アパーチャレンズの焦点距離 $f_a$ を与えるダビッソン－カルビックの公式を導出する。まず、図2.11の $z=0$ での $r$ 方向への電子の運動方程式を解く（mは電子の質量、$u_r$ は $r$ 方向への電子の速度）。式 (2-13) を用い $E_r$ を $E_z$ で表す。

$$m\frac{d^2r}{dt^2} = m\frac{du_r}{dt} = eE_r = -\frac{er}{2}\frac{dE_z}{dz}$$

$$\frac{du_r}{dt} = -\frac{er}{2m}\frac{dE_z}{dz} \quad (2\text{-}14)$$

$\Delta z$ をアパーチャの厚みとする。$z=0$ において、電子の入射角度は0（光軸に平行に入射する）とする。また、電子がアパーチャを通過するのに要する時間を $\Delta t$、通過直後の電子の $r$ 方向への速度を $u_{r1}$ とする。$z$ 方向の速度 $u_{z1}$ は $\Delta z / \Delta t$ に等しい。以下では時間 $\Delta t$ の間に増えた電子の速度を求める。

$$\frac{u_{r1}-0}{\Delta t} = -\frac{er}{2m}\frac{E_2-E_1}{\Delta z}$$

$$\frac{u_{r1}}{\Delta t/\Delta z} = -\frac{er}{2m}(E_2-E_1)$$

$$u_{r1}/(1/u_{z1}) = -\frac{er}{2m}(E_2-E_1)$$

$z$ 方向の速度 $u_{z1}$ と $r$ 方向の速度 $u_{r1}$ の比が、アパーチャレンズにおける屈折角 $\theta_1$ のタンジェント $\tan\theta_1$ を示している。十分小さい角度に対しては、$\tan\theta_1 = \theta_1$ が成り立つ。また $eV_1 = mu_{z1}^2/2$ はアパーチャ通過時の電子の運動エネルギであり、このため図2.11における電子ビームの屈折角

$\theta_1$は次式で求められる。

$$-u_{r1}/u_{z1} = \frac{er}{2mu_{z1}^2}(E_2-E_1) = \frac{er}{4eV_1}(E_2-E_1) = \tan\theta_1 \fallingdotseq \theta_1$$

光軸に対して平行にレンズに入射する電子ビームの光軸からの距離$r_0$に対して、焦点距離と屈折角は$f_a = -r_0\theta^{-1}$の関係で以下のようになり、アパーチャレンズの焦点距離$f_a$を求めるダビッソン－カルビックの公式（式（2-15））が導出される［5］。

$$f_a = \frac{4V_1}{E_2-E_1} \tag{2-15}$$

b. バイポテンシャルレンズ

次にバイポテンシャルレンズ（図2.12）の焦点距離を表す式について説明する［6］［7］。アパーチャレンズの場合は、薄い領域（$\Delta z$）で電子ビームの屈折がおきるため、上のように簡単に焦点距離を求めることができる。しかしながら電子レンズでは、一般的な光学レンズと異なりレンズ領域内で屈折率が連続的に変化する。このため電子の運動方程式を解き、時間tの変数を消去して電子の軌道方程式を求め、レンズとしての焦点距離の式を導出することになる。円筒座標系におけるラプラス方程式から、電子の軌道方程式を導出する。

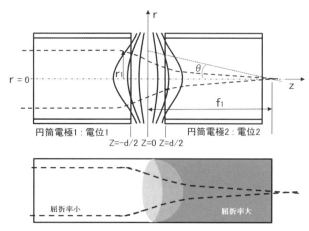

**図2.12　バイポテンシャルレンズ**

半径方向rの電子の運動方程式において、式 (2-14) に式 (2-13) の $E_r$ を代入すると、電界 $E_r$ は次式のような関係になる。

$$m\frac{d^2r}{dt^2} = eE_r = -\frac{er}{2}\frac{dE_z}{dz} = -\frac{er}{2}\frac{d^2V}{dz^2} \quad (2\text{-}16)$$

$d^2r/dt^2$ を $dz/dt$ で表す。

$$\frac{d^2r}{dt^2} = \frac{dz}{dt}\frac{d}{dz}\left(\frac{dz}{dt}\frac{dr}{dz}\right) \quad (2\text{-}17)$$

運動方程式から時間 t を消去して軌道方程式を求める。

$$\frac{m}{2}\left(\frac{dz}{dt}\right)^2 = eV$$

$$\frac{dz}{dt} = \sqrt{\frac{2eV}{m}}$$

上式を式 (2-17) に代入する。

$$\frac{d^2r}{dt^2} = \sqrt{\frac{2eV}{m}}\frac{d}{dz}\left(\sqrt{\frac{2eV}{m}}\frac{dr}{dz}\right)$$

また、式 (2.16) から、

$$\frac{d^2r}{dt^2} = -\frac{er}{2m}\frac{d^2V}{dz^2}$$

であるので、次式が得られる。

$$\frac{d^2r}{dt^2} = \sqrt{\frac{2eV}{m}}\frac{d}{dz}\left(\sqrt{\frac{2eV}{m}}\frac{dr}{dz}\right) = -\frac{er}{2m}\frac{d^2V}{dz^2}$$

この式を変形すると、

$$4\sqrt{V}\frac{d}{dz}\left(\sqrt{V}\frac{dr}{dz}\right) = -r\frac{d^2V}{dz^2}$$

となり、微分の公式 $(g_1 g_2)' = g_1' g_2 + g_1 g_2'$ を用いると次のようになる。

$$4\sqrt{V}\left(\frac{1}{2\sqrt{V}}\frac{dr}{dz}\frac{dV}{dz} + \sqrt{V}\frac{d^2r}{dz^2}\right) = -r\frac{d^2V}{dz^2}$$

$$4\left(\frac{1}{2}\frac{dr}{dz}\frac{dV}{dz} + V\frac{d^2r}{dz^2}\right) = -r\frac{d^2V}{dz^2}$$

$$\frac{d^2r}{dz^2} + \frac{1}{2V}\frac{dr}{dz}\frac{dV}{dz} = -\frac{r}{4V}\frac{d^2V}{dz^2} \qquad (2\text{-}18)$$

式(2-18)が円筒座標系の静電レンズにおける電子の軌道方程式である。半径 r を変数変換した $R = rV^{1/4}$ を導入し、$d^2R/dt^2$ を求め、式(2-18)を代入する。

$$\frac{dR}{dz} = \frac{d}{dz}(rV^{1/4})$$

ここで微分の公式を用いると、

$$\frac{dR}{dz} = \frac{dr}{dz}V^{1/4} + \frac{r}{4}V^{-3/4}\frac{dV}{dz} \qquad (2\text{-}19)$$

$d^2R/dz^2$ を求めるために、上式をさらに z で微分する。上式の2項目は、3つの関数の積の形になっている。2つと3つの関数における積の微分の公式、$(g_1 g_2)' = g_1' g_2 + g_1 g_2'$ と $(g_1 g_2 g_3)' = g_1' g_2 g_3 + g_1 g_2' g_3 + g_1 g_2 g_3'$ を用いると、$d^2R/dz^2$ を以下のように求めることができる。

$$\frac{d^2R}{dz^2} = \left(\frac{d^2r}{dz^2}V^{1/4} + \frac{1}{4}\frac{dr}{dz}V^{-3/4}\frac{dV}{dz}\right) + \left(\frac{1}{4}\frac{dr}{dz}V^{-3/4}\frac{dV}{dz} - \frac{3}{4}\frac{r}{4}V^{-7/4}\frac{dV}{dz}\frac{dV}{dz} + \frac{r}{4}V^{-3/4}\frac{d^2V}{dz^2}\right)$$

$$= \frac{d^2r}{dz^2}V^{1/4} + \frac{1}{2}\frac{dr}{dz}V^{-3/4}\frac{dV}{dz} + \frac{r}{4}V^{-3/4}\frac{d^2V}{dz^2} - \frac{3}{4}\frac{r}{4}V^{-7/4}\frac{dV}{dz}\frac{dV}{dz}$$

$$= V^{1/4}\left(\frac{d^2r}{dz^2} + \frac{1}{2}\frac{1}{V}\frac{dV}{dz}\frac{dr}{dz} + \frac{r}{4}\frac{1}{V}\frac{d^2V}{dz^2}\right) - \frac{V^{1/4}}{V^2}\frac{3r}{16}\left(\frac{dV}{dz}\right)^2$$

（ ）内は、式（2-18）を代入すると0になるため、以下の式が求まる。

$$\frac{d^2R}{dz^2} = -\frac{3rV^{1/4}}{16}\left(\frac{dV}{dz}/V\right)^2 = -\frac{3R}{16}\left(\frac{dV}{dz}/V\right)^2$$

以下では、上式の$d^2R/dz^2$を$z$で積分して$dR/dz$を求め、それを$dr/dz$に変換することで屈折角$\theta$を得る。また$r_1$は光軸に対して平行にレンズに入射する電子の、光軸からの距離を示している。電子がレンズを通過する間、Rは一定値$R_1 = r_1V_1^{1/4}$と仮定する（十分薄いレンズにおいて成り立つ）。$V_1$、$V_2$はそれぞれ円筒電極1、2の電位とする。

$$\frac{dR}{dz} = \int_{-\infty}^{+\infty}\frac{d^2R}{dz^2}dz = -\int_{-\infty}^{+\infty}\frac{3R}{16}\left(\frac{dV}{dz}/V\right)^2 dz = \frac{-3R_1}{16}\int_{-\infty}^{+\infty}\left(\frac{dV}{dz}/V\right)^2 dz$$

$dR/dz$を$dr/dz$に変換し屈折角$\theta$を求める。$dR/dr = V^{1/4}$となるので、以下のようになる。

$$\theta = -\frac{dr}{dz} = -\frac{dR}{dz}\frac{dr}{dR}$$

$$= V_1^{-1/4}\frac{3R_1}{16}\int_{-\infty}^{+\infty}\left(\frac{dV}{dz}/V\right)^2 dz$$

$$= \frac{V_1^{1/4}}{V_1^{1/4}}\frac{3r_1}{16}\int_{-\infty}^{+\infty}\left(\frac{dV}{dz}/V\right)^2 dz$$

$$= \frac{3r_1}{16}\int_{-\infty}^{+\infty}\left(\frac{dV}{dz}/V\right)^2 dz$$

焦点距離$f = r_1\theta^{-1}$の関係から$f$が求まる（十分小さい角度$\theta$において、$\tan\theta \fallingdotseq \theta$が成り立つ）。

$$\frac{1}{f} = \frac{\theta}{r_1} = \frac{3}{16}\int_{-\infty}^{+\infty}\left(\frac{dV}{dz}/V\right)^2 dz$$

上式を数値解析することによりバイポテンシャルレンズの焦点距離を求めることができる。ここでは基本設計のために焦点距離の近似式を導出しておく。図2.12のようにギャップ中央を基準とし、円筒電極1および円筒電極2のギャップの位置をそれぞれ-d/2、d/2とする。レンズは-d/2 < z < d/2で作用し、円筒電極1と2の間の電界強度が一定、すなわちdV/dz = ($V_2 - V_1$)/dとして上式に代入すると、焦点距離は次のように計算される。

$$f = \frac{16d}{3} \frac{V_1^2}{(V_2 - V_1)^2} \qquad (2\text{-}20)$$

c. アインツェルレンズ

図2.12における円筒電極1、2の電位が、それぞれ$V_1$、$V_2$のバイポテンシャルレンズ（焦点距離：$f_2$）と、$V_2$、$V_1$のバイポテンシャルレンズ（焦点距離：$f_1$）を直列に接続し、円筒電極を繋いだ$V_2$の電位の部分は焦点距離に比べて十分短くしておくと、アインツェルレンズを構成することができる。図2.13と図2.14に減速型および加速型のアインツェルレンズを示した。アインツェルレンズを構成する3つの円筒電極のうち、中央の電極の電位$V_2$が左右の電極の電位$V_1$に対して、図2.13の減速型において$V_2 < V_1$、図2.14の加速型において$V_2 > V_1$となっている。なお、$V_1$、$V_2$ともに電子源の電位を基準としている。

図2.13の減速型では、左側から入射する電子ビームが、左右の電極の電位を基準とした場合に負の電位となる中央の電極の電位によって光軸方向には減速されると同時に、中央の電極側から光軸側へ反発される。その後、中央の電極に対して相対的に正の電位である右の電極の方に加速され、光軸に向かって集束される。

また、図2.14の加速型では、左側から入射する電子ビームが、左右の電極の電位を基準とした場合に、正の電位となる中央の電極の電位によって光軸方向に加速される。その後、左右の電極の電位を基準とした場合に正の電位となる中央の電極の方に吸引されるが、中央の電極に対

して相対的に負の電位である右の電極により光軸方向に減速されると同時に、右の電極側から光軸側に向かって反発され集束される。

　図2.13と図2.14を比較すると、図2.13では入射した電子ビームが半径方向に拡がってから集束されるのに対し、図2.14では電子ビームが光軸に近い方へすぼまりながら集束されている。このため球面収差などの幾何光学的収差は図2.14の方が小さい。これは幾何光学的収差が、光軸からの距離に対して増大するためである（幾何光学的収差に関しては2.2.4（2）を参照）。

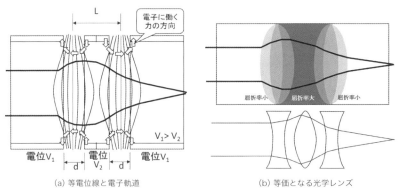

図2.13　減速型アインツェルレンズ

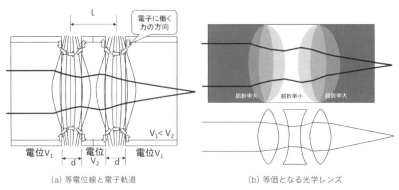

図2.14　加速型アインツェルレンズ

図2.13と図2.14で焦点距離を求める式は以下のように同じ形になる。レンズ間の距離をLとすると、アインツェルレンズの焦点距離Fは合成レンズの焦点距離の公式から、$1/F = 1/f_1 + 1/f_2 - L/(f_1 \times f_2)$ で求めることができる。ここで$f_1$、$f_2$は図2.12のバイポテンシャルレンズの焦点距離に当たるが、対称構造なのでこれらは等しくなりfとする。式（2-20）のfを用い、以下のようになる。

$$\frac{1}{F} = 2 \times \frac{3}{16d} \frac{(V_2 - V_1)^2}{V_1^2} - L/f^2$$

焦点距離の近似式を得るため、アインツェルレンズの2つのギャップの中点間の距離Lがレンズの焦点距離$f_1$、$f_2$に比べ小さい場合、$L/f^2$の項は0と見なせる。これにより、アインツェルレンズの焦点距離Fの近似式、

$$F = \frac{8d}{3} \frac{V_1^2}{(V_2 - V_1)^2} \qquad (2\text{-}21)$$

が得られる。バイポテンシャルレンズではレンズ通過後に電子のエネルギが変化するのに対し、アインツェルレンズでは電子ビームの通過前後で電子の運動エネルギは不変である。上述の基本的な静電レンズ3種の焦点距離の近似式を表2.1に示す。

表2.1　静電レンズの特性（焦点距離）

| 種類 | 構造 | 焦点距離 |
| --- | --- | --- |
| アパーチャレンズ | 2つの電界強度$E_1$, $E_2$の空間に挟まれた電位$V_1$の十分薄い円形開口 | $4V_1/(E_2 - E_1)$<br>… 式（2-15） |
| バイポテンシャルレンズ | 2つの円筒電極：電位（$V_1$,$V_2$）の直列、電極間ギャップd | $(16d/3) \times \{V_1/(V_2 - V_1)\}^2$<br>… 式（2-20） |
| アインツェルレンズ | 2つの円筒電極：電位（$V_1$,$V_1$）に挟まれたリング電極：電位（$V_2$）、電極間ギャップd | $(8d/3) \times \{V_1/(V_2 - V_1)\}^2$<br>… 式（2-21） |

アインツェルレンズの実例としてMPEBWの対物レンズの計算を行う。d = 2mm, $V_1$ = 2500V, $V_2$ = 5000Vとすると、

$$F\,(\mathrm{mm}) = [(8\times 2\mathrm{mm})/3]\times \{5000/\,(5000\text{-}2500)\}^2 = 5.0\ \mathrm{mm}$$
が得られる。

(2) 磁気レンズ

　MPEBWにおいては、すべての電子レンズを静電レンズで構成している。これは開発段階における製作の容易さのためである。特に、電子源アレイに1：1で対応するコンデンサレンズアレイは、微細加工を容易とするために静電レンズで構成している。しかし一般的には電子ビーム描画装置に磁気レンズが多用されるので、磁気レンズについて説明する。

　磁気レンズの例はコイルである。図2.15にコイルを用いた電子集束を示した。筒に導線を巻き付けてコイルを作り電流を流すことで磁界を発生させる。その状態で電子ビームを筒内に入射すると、筒を通過した電子ビームは集束される。コイルに発生する磁界Hによる磁力線を図2.15 (a) の点線で示した。発生する筒の入り口では磁力線は筒の内側に向かっている。筒の中では磁力線は筒の軸に平行になる。筒を通り過ぎると磁力線は筒の軸から遠ざかる。筒の軸が磁気レンズの光軸 (z) になっている。磁気レンズにおける電子ビームの集束は2段階のメカニズムから成る (図2.15 (a))。(1) 磁気レンズに入射された電子ビームは、筒の入り口で、磁界の半径成分$H_r$によって電子の速度$u_1$および$H_r$に垂直な方向に力$F_1$を受けて、光軸の周りにらせん状に回転する。(2) 電子がらせん運動をすることによって光軸に垂直な速度成分$u_2$を発生し、コイル内部の磁界の光軸方向の成分$H_z$（コイル内の磁界は光軸に平行になっている）と速度$u_2$に垂直な方向、すなわち磁気レンズの中心に向かって力$F_2$を受け、電子ビームが集束される。図2.15 (b) は光軸方向で観察した電子の軌道を示している。

　図2.16は上記 (1) の電子集束のメカニズムをフレミング左手の法則で図解している。コイルの入り口付近では、コイルの筒の内側に入ろうとする磁力線によって、人差し指の方向に$H_r$ (rは磁界Hの半径方向成分) が生じている。レンズに入射しようとする電子によって中指の方向に電

第 2 章　並列電子ビーム描画の課題

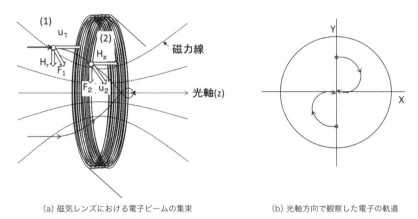

(a) 磁気レンズにおける電子ビームの集束　　　(b) 光軸方向で観察した電子の軌道

**図 2.15　コイルによる電子ビーム集束**

流 I が生じる。これにより電子は親指の方向、すなわち読者の手前の方向に力 F を受け、光軸に垂直な方向への加速度を生じる。

　次にメカニズム (2) を説明する。図 2.17 において、(1) で光軸方向に入射し、かつ、光軸に垂直な方向による加速度によって、読者の右手前方向に運動を始めた電子がコイルの筒の内側に入ってくる。これにより中指方向への電流 I が生じている。コイル内部には光軸に平行な方向すなわち人差し指の方向に磁界 $H_z$ が生じている。フレミング左手の法則により、電子は親指方向に力 F を受けるので、電子ビームが磁気レンズの中心に向かって集束される。ここで、電流 I の方向は、(1), (2) のメカニズムによって生じる電子のらせん運動に伴い、光軸に対して垂直な面内で回転するが、その時、親指の方向は常にレンズの中心方向に向かっているため、光軸に対して電子ビームが集束される。

　上記のように、メカニズム (1) により電子の軌道が曲げられ、光軸方向の速度が減少するとともに、光軸に垂直な方向の速度が増大する（図 2.16）。メカニズム (2) により、光軸に垂直な方向に電子が運動すると、磁気レンズ中心に向かう力が働き、結果としてらせん運動を生じる。メカニズム (1), (2) の運動方程式からレンズの焦点距離を求める [8]。

47

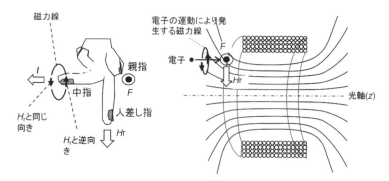

図2.16　$H_r$成分に着目した磁気レンズにおける第1段階の磁界の作用

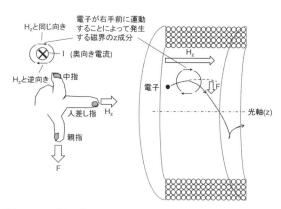

図2.17　$H_z$成分に着目した磁気レンズにおける第2段階の磁界の作用

　円筒座標系における運動方程式は、光軸方向を z、半径方向を r、光軸を中心とする回転角を $\phi$ とする。また、電子の質量 m、コイルに向かう電子の速度 $u_z$、コイルの内側に向かう磁力線による磁界の半径方向の成分を $H_r$ とすると、電子に作用するローレンツ力 F は、電子の電荷 e と速度 $u_z$、およびそれに直交する磁界 $H_r$ の積で、また質量×加速度であるため、次式で表される。

$$F = eH_r u_z = mr\frac{d^2\phi}{dt^2} \qquad (2\text{-}22)$$

## 第2章 並列電子ビーム描画の課題

半径 r×回転角 φ の2階微分は加速度に等しいが、その理由について図2.18で説明する。

ある速度で直進運動を行っている電子が、ローレンツ力の影響で半径 r の回転運動を生じるとする。時刻 $t_0$ における電子の角速度を $\omega(t_0)$ とすると、角度×半径＝弧長の関係から、速度は $r\omega(t_0)$ で表される。さらに時刻 $t_0+\Delta t$ における電子の速度を $r\omega(t_0+\Delta t)$ とすると、その速度の $\Delta t$ 時間での変化は、図2.18の囲みに示すように角速度 ω の微分に r を掛けたものに等しい。角速度 ω は回転角 φ の時間微分であるので、回転角の2階微分に半径 r を掛けたものが加速度になる。

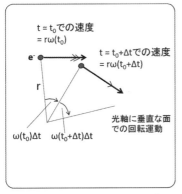 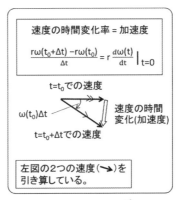

角速度ωは角度Φの時間微分 $\omega = \frac{d}{dt}\Phi$、したがって、電子の加速度は $r\frac{d^2}{dt^2}\Phi$

図2.18 光軸に垂直な方向に着目した電子の運動方程式

光軸方向（z）をパラメータとして、電子ビームの屈折によるレンズの焦点距離を計算する。レンズの入り口からレンズ内部に至るまでに、$H_r$ は減少する。なぜなら、レンズ内部での磁力線はほとんど光軸に平行になるからである。図2.19においてAおよびBの円を上底および下底とする円柱を考える。円Aより円Bの方がレンズに近いため、$H_z$ の成分がより大きい。これは、円Aを通る磁力線の数に、円柱の側面方向から入る磁力線の数が加算されたものが、円Bを通る磁力線の数になるためである。

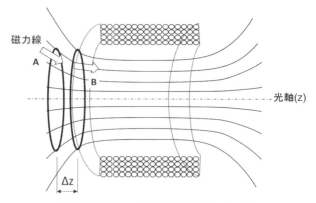

**図2.19　磁気レンズ内側に向かう磁力線の数の変化**

　各円の半径を r、円柱の高さを Δz、円Aにおける光軸方向の磁界を $H_{zA}$、円Bにおける光軸方向の磁界を $H_{zB}$ とし、円の面積 $\pi r^2$ から円Bにおける光軸方向の磁界の増分は $\pi r^2 (H_{zB} - H_{zA})$ である。円柱の側面の面積が $2\pi r \Delta z$ であるため側面から入り込む磁界は $2\pi r \Delta z\, H_r$ となる。これらは等しいため、$H_r$ は次のように表される。

$$H_r = \frac{\pi r^2 (H_{zB} - H_{zA})}{2\pi r \Delta z}$$
$$= \frac{r}{2}\frac{\Delta H_z}{\Delta z}$$

これを、微分形式で表す。

$$H_r = \frac{r}{2}\frac{dH_z}{dz}$$

上式より、式（2-22）は次のように変形される。

$$mr\frac{d^2\phi}{dt^2} = eH_r u_z = \frac{eru_z}{2}\frac{dH_z}{dz}$$

$u_z = dz/dt$ なので、

$$\frac{d^2\phi}{dt^2} = \frac{e}{2m}\frac{dH_z}{dz}\frac{dz}{dt}$$

両辺を時間tで積分する。

$$\frac{d\phi}{dt} = \int \frac{d^2\phi}{dt^2} dt = \frac{e}{2m} \int \frac{dH_z}{dz} \frac{dz}{dt} dt = \frac{e}{2m} \int \frac{dH_z}{dt} dt$$

$$= \frac{e}{2m} H_z \tag{2-23}$$

磁気レンズ内で電子は、式(2-23)で示される回転運動を行っている。上述のように回転運動する電子は、コイルの内側の磁界$H_z$により、ローレンツ力で光軸に集束される。回転運動により遠心力が外向きに働くので、2つの力の合力で電子ビームの集束に関する電子の運動方程式を考える。

半径r、角速度ωで運動する質量mの電子に働く遠心力$C_F$は、$C_F = mr\omega^2$で表され、$\omega = d\Phi/dt$の関係から、$C_F = mr\omega^2 = mr(d\Phi/dt)^2 = m(rd\Phi/dt)^2/r$となる。(電子とともに)回転する系から見た力のつり合いにおいては遠心力が考慮され、電子の運動方程式に式(2-23)を用いると次のようになる。

$$m\frac{d^2r}{dt^2} = \underbrace{eH_z r \frac{d\phi}{dt}}_{\text{ローレンツ力}} - \underbrace{m\frac{(rd\phi/dt)^2}{r}}_{\text{遠心力}}$$

$$= \frac{eH_z r (eH_z)}{2m} - m\frac{r(eH_z)^2}{(2m)^2}$$

$$= \frac{e^2 r}{4m} H_z^2 \tag{2-24}$$

光軸を軸として回転している電子について、観察者が相対的に同じ回転運動をすると、集束する運動成分だけが残り光学レンズと同じように屈折しているのが見える。この屈折角から焦点距離を求める。上述の運動方程式の時間tを消去し、変数rとzによる電子の軌道の式に変える。

$$\frac{dr}{dt} = \int_{-\infty}^{+\infty} \frac{d^2r}{dt^2} dt$$

ここで式 (2-24) を代入すると、

$$= \int_{-\infty}^{+\infty} \left(\frac{eH_z}{2m}\right)^2 r \, dt$$

また $u_z = dz/dt$ の関係を用いると、上式は以下のように変形される。

$$= \int_{-\infty}^{+\infty} \left(\frac{eH_z}{2m}\right)^2 \frac{r}{u_z} \frac{dz}{dt} \, dt$$

$$= \int_{-\infty}^{+\infty} \left(\frac{eH_z}{2m}\right)^2 \frac{r}{u_z} dz$$

$H_r$ の成分は磁気レンズ内で十分小さくなっているので、$u_z$ の速度成分は磁界の影響を受けず一定と考え、また $z_A < z < z_B$ となる $z$ の範囲に集束作用を生じる磁界が含まれるとすると、以下のようになる。

$$\frac{dr}{dt} = \frac{e^2}{4m^2 u_z} \int_{-\infty}^{+\infty} r H_z^2 dz \qquad (2\text{-}25)$$

レンズの光軸方向の厚みが十分薄い場合に限り、$r$ を一定と見なすことができる。これにより、$r = r_m$（一定値）として、式 (2-25) を次の形にする。

$$\frac{dr}{dt} = \frac{e^2 r_m}{4m^2 u_z} \int_{-\infty}^{+\infty} H_z^2 dz$$

再び $u_z = dz/dt$ の関係を用いる。

$$\frac{dr}{dt}\frac{dt}{dz}u_z = \frac{e^2 r_m}{4m^2 u_z} \int_{-\infty}^{+\infty} H_z^2 dz$$

$$\frac{dr}{dz} = \frac{e^2 r_m}{4m^2 u_z^2} \int_{-\infty}^{+\infty} H_z^2 dz$$

電子ビームの屈折角 $\theta$ に対して $dr/dz = \tan\theta$ であるが、十分小さい $\theta$ に対しては、$\tan\theta \fallingdotseq \theta$ が成り立つ。レンズに入射した電子ビームの半径方向の位置が $r = r_m$ であるが、これが磁気レンズの中心に集束され、$r = 0$ となる光軸方向($z$方向)の距離が焦点距離 $f$ である。$f$ に対し $f \times \tan\theta = r_m$ の関係がある。これらの関係から、十分薄いコイルの磁気レンズにおける焦点距離 $f$ は次のように求められる。

$$\frac{dr}{dz} = \tan\theta = \frac{r_m}{f} = \frac{e^2 r_m}{4m^2 u_z^2}\int_{-\infty}^{+\infty} H_z^2 dz$$

$$f = \frac{4m^2 u_z^2}{e^2 \int_{-\infty}^{+\infty} H_z^2 dz}$$

また、電子ビームの加速電圧Vに対し運動エネルギの式である$u_z^2$=2eV/mを代入すると、上式は、

$$f = \frac{8V}{\frac{e}{m}\int_{-\infty}^{+\infty} H_z^2 dz} \tag{2-26}$$

となる。

　一般的な磁気レンズでは、コイルの周り（筒の内側、外側、入り口、出口）を全て鉄などの磁性体で囲み、ほとんどの磁力線が磁性体内を通るようにする。コイルのN極側とS極側の間で、磁性体の筒の内側にリング状に小さいギャップ（ポールピース）を作ると、ギャップ付近に局所的に強い磁場を発生することが出来るので、これを磁気レンズとして用いる。コイルの絶縁被覆が剥き出しにならないようにギャップには銅などの非磁性体を埋め込む。図2.20にSEMの電子光学系（電子銃のユニットは除く）の例を示した。電子ビームの加速電圧が高い場合に、電子の速度に比例するローレンツ力によって集束ができるため、一般的に縮小

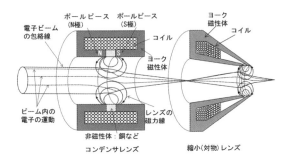

図2.20　SEMに用いられている磁気レンズの例

（対物）レンズとして磁気レンズが用いられている。

(3) 静電レンズと磁気レンズによる電子光学系

　ZEISS社によって開発された高解像度SEMはクロスオーバフリーの光学系（GEMINIレンズ）を用いている。GEMINIレンズによる電子ビームの集束方法を図2.21に示す[9][10]。メインの縮小（対物）レンズは通常のSEMと同様に磁気レンズを用いているが、磁極の内側に静電レンズを入れ、静電レンズの電極に磁力線を貫通させることで、両方を組み合わせて用いる重畳型のレンズになっている。図2.22の点線で示される磁力線の凸レンズ効果に対し、光軸の外側に向かう減速電界（矢印）を加えることで凹レンズ作用を生じている。これにより、球面収差、色収差の補正が可能となっている。また、電子ビームが1点に交わるのは電子源と焦点のみであり、SEMに求められる低加速電圧の条件でも、クーロン反発の影響を受けにくくなっている。

図2.21　GEMINIレンズによる電子ビームの集束方法（ZEISS社）

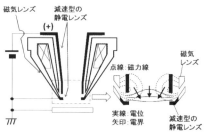

図2.22　磁気レンズと静電レンズによる重畳型縮小（対物）レンズの構造（ZEISS社）

## 2.2.3 電子ビーム露光方式
### (1) 縮小露光

ここでは、一般的な単一電子ビームによる縮小露光に用いられる電子光学系について説明する。例として、コンデンサレンズと縮小レンズの間にクロスオーバを有する一般的な縮小電子光学系を図2.23 (a) (b) (c) に示す。光軸に近い電子軌道(近軸電子軌道)により設計されており、電子源から放出された電子ビームをコンデンサレンズで集め、縮小(対物)レンズで集束してターゲットウエハに照射する。また、電子ビームをターゲットウエハ上で走査するために、偏向器を導入する。電子ビーム描画装置では、ターゲット面に平行なXY平面において両軸方向に走査できるように、2.1節において説明した偏向器を最低でも2段必要とする。なお多極子の偏向器は非点補正器を兼ねることができる。

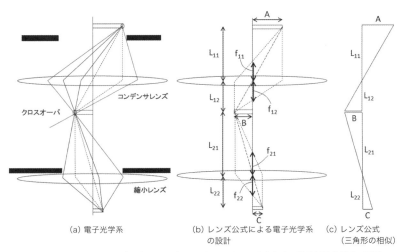

**図2.23** コンデンサレンズと縮小レンズの間にクロスオーバ点を有する縮小電子光学系の設計

図2.23 (a) のように、大きさをもった電子源から放出された電子ビームがコンデンサレンズにより集束され、途中のクロスオーバ点を経て縮小レンズにより再び集束されてターゲット面に結像し、電子源の像が縮

小される電子光学系を考える。図2.23 (b) において、ガウスのレンズ公式によれば、大きさAを持った電子源からコンデンサレンズまでの距離を$L_{11}$、レンズの後側焦点$f_{12}$、コンデンサレンズからクロスオーバ点までの光軸上の距離を$L_{12}$において、次式が成り立つ。

$$1/L_{11} + 1/L_{12} = 1/f_{12}$$

電子源が大きさを持っているので、クロスオーバ点の集まりによって、$L_{12}$の位置に大きさBの像ができる（図2.23 (b) (c)）。このように、コンデンサレンズは焦点距離が$f_{12}$、倍率はB/Aとする。縮小（対物）レンズについても同様に焦点距離と倍率を決め、全体としての縮小倍率がC/Aとなる。このような基本設計の際に、上述の各収差をあてはめて十分な解像度やビーム電流が得られるかを検討する。

幾何光学的な設計に続いて各レンズを具体的に製作することになるが、そのためには実際のレンズ電極（磁極）構造とレンズ特性（焦点距離）の関係が解らなければならない。このためレンズ電極構造に対する電磁場と電子軌道を、有限要素法等の数値解析により解くことになる。

(2) 等倍露光

図2.24に、等倍電子ビーム露光装置における電子軌道を示している。後ほど図4.12で説明するように、ナノクリスタルSi (nc-Si) 電子源アレイとウエハを、2つの対向する磁石で挟む構造になっている。電子源アレイのそれぞれから放出された電子が、nc-Si電子源アレイとウエハ間の電界によって加速されると同時に、磁束を回転軸としてサイクロトロン運動をすることによって電子が集束され、電子源アレイの電子放出面の像がウエハ上に等倍で投影されレジストを露光できる。

第2章 並列電子ビーム描画の課題

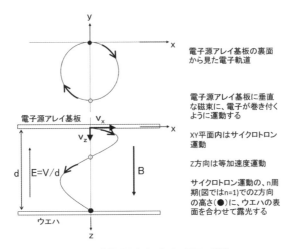

**図2.24 等倍露光方式における電子の軌道**

以下に、等倍露光方式の原理と色収差について説明する。加速電圧が十分低い（典型的には10 kV未満）場合、電子軌道は非相対論的に計算することができる。

電子源アレイ基板に垂直な方向、すなわちz方向の磁界Bにより放出された電子は、電子源アレイ基板の電子放出面（z = 0）に平行なx-y平面内で以下のような円運動を生じる。

$$x(t) = r\sin(\omega t) + x_0 \qquad (2\text{-}27)$$
$$y(t) = r[\cos(\omega t) - 1] + y_0$$

ここで$\omega$はサイクロトロン運動の角速度$\omega = eB/m$（eとmは電子の電荷と質量）、rは回転半径で$r = u_x/\omega$（$u_x$は放出時の電子のx方向の速度）、tは時間である。サイクロトロン運動の周期Tは次式で表される。

$$T = \frac{2\pi}{\omega} = \frac{2\pi m}{eB}$$

$(x_0, y_0)$は面電子源上で電子が放出される位置を示している。z方向の電界$E = V/d$（Vとdは、電子源アレイ表面とターゲットウエハの間の電位差と距離）は、以下のように電子の等加速度運動を引き起こす。$u_{z0}$は電子

57

放出時の電子のz方向の速度で、a（= eE/m）は電子の加速度とすると

$$z(t) = u_{z0}t + \frac{1}{2}at^2 \qquad (2\text{-}28)$$

　x-y平面での円運動とz方向での等加速度運動の組み合わせにより、図2.24の螺旋運動が生じる。式（2-27）と式（2-28）は、電子源アレイ表面の$(x_0, y_0, 0)$から放出された電子の軌道を示している。図2.25と次式に示されるように、放出されたz方向の速度が等しいすべての電子は、放出時の電子のx-y平面内での速度の大小および方向によらず、周期Tでn回（nは整数）の回転を行った時、$t = nT = 2\pi n/\omega$で$(x_0, y_0, z(nT))$の位置に集束する。このためdをz(nT)にすれば等倍露光を行うことができる。

$$z(nT) = u_{z0} \times nT + \frac{1}{2}a(nT)^2$$

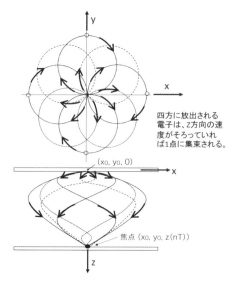

図2.25　等倍露光方式における電子ビームの集束

　z方向の磁束密度をB = 0.52テスラとすると、x-y平面でのサイクロトロン運動の角速度$\omega$、周期Tは以下のように計算される。なおe（= 1.6

×10⁻¹⁹ C）は電子の電荷、m（= 9.1 × 10⁻³¹ kg）は電子の質量である。

$\omega$ = eB/m = (1.6×10⁻¹⁹ × 0.52) / (9.1×10⁻³¹) = 9.14 × 10¹⁰ (rad/s)

T = 6.87 × 10⁻¹¹ (s)

電位差Vは5kV、距離dは3mmとすると、z方向の加速度aは電界強度Eから以下のように計算される。

E = V/d = 5 × 10³/(3×10⁻³) = 1.67×10⁶ (V/m)

a = eE/m = (1.6 × 10⁻¹⁹) × (1.67×10⁶) / (9.1×10⁻³¹) = 2.93 × 10¹⁷ (m/s²)

電子の放出角は十分小さく、放出時の運動エネルギが2eV（電子源の駆動電圧が10V程度の時の放出電子の典型的な運動エネルギの値）と仮定して、放出時のz方向の速度$u_{z0}$を求める。

m $u_{z0}^2$/2 = 0.5 × (9.1×10⁻³¹) × $u_{z0}^2$ = 2×1.6×10⁻¹⁹ = 2 (eV) より、

$u_{z0}$ = {(4×1.6×10⁻¹⁹) / (9.1×10⁻³¹)}⁰·⁵ = 8.39 × 10⁵ (m/s)

これを用いて計算した電子軌道の例を図2.26に示す。この系はレンズを使用して電子ビームを集束しているわけではないので幾何収差は無く、放出電子の運動エネルギの違いによる色収差が解像度に影響する主要因となる。

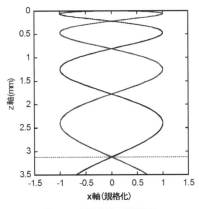

図2.26　電子軌道の計算結果

### 2.2.4 電子光学系の収差

(1) 電子ビームの集束に伴うクーロン反発効果

電子ビームで高解像度の描画を行うためには、小さなビームスポットを得ることが必要である。また、スループットを大きくするためには、電子ビーム電流を増大しなければならない。しかし電流密度の増大に伴い電子どうしのクーロン反発による空間電荷効果の影響が大きくなり、ビームスポットを小さくできなくなる。このためビーム本数を増やして1本当たりの電流密度を小さくするのが、マルチ電子ビームの描画装置にする理由である。

幾何学的な光学収差の無い電子ビームを、縮小レンズで集束してビームスポットを得る場合について考える。初期の焦点位置で電子ビームを集中させると、焦点付近の電子の集まりが作る負電荷領域によって、光軸の外側に電子軌道が曲げられる。これにより、電子の集まる位置も後退する。このような一種の凹レンズ（安定ではない）が空間中にできたことになり、焦点位置は後退する。レンズの焦点距離を$f$、ビーム電流を$I$、コンデンサレンズから縮小レンズまでの距離を$M$、カラム内での電子ビーム半径を$r_0$、ビームの加速電圧（ビームはコンデンサレンズ通過後に加速されているとする）を$V$、定数$C_{sc}$とすると、クーロン反発は以下のデフォーカシングディスタンス$\Delta Z_f$（光軸方向で焦点位置が後退する距離）の式 (2-29) で近似される [11] [12]。

$$\Delta Z_f = C_{sc} \times I M f^2 / (r_0^2 V^{3/2}) \quad (2\text{-}29)$$

ここで、$C_{sc} = m^{1/2} / (5.7\pi\varepsilon_0 e^{1/2}) = 1.52 \times 10^4$ (SI単位系)、添え字scはSpace Charge effectの略、$m$は電子の質量、$\varepsilon_0$は真空の誘電率、$e$は電子の電荷である。なお、後退した焦点距離の位置$f + \Delta Z_f$において完全な焦点が得られるわけではなく、焦点付近の空間電荷によって電子の運動は散乱されている。

図2.27はビーム集束時のクーロン反発の様子である。本来の焦点距離の位置におけるビームの広がり$\Delta r_{1f}$は、クーロン反発によるデフォーカシングディスタンス$\Delta Z_f$と、ビームの集束半角$\alpha$の積で以下のように表

される。

$$\Delta r_{1f} = \Delta Z_f \times (r_0/f) = \Delta Z_f \times \tan\alpha \fallingdotseq \Delta Z_f \times \alpha \quad (2\text{-}30)$$

式（2-29）を用いると

$$\Delta r_{1f} = C_{sc} \times I M f / (r_0 V^{3/2}) \quad (2\text{-}31)$$

となり、ビームの広がり、ビーム電流I、電子光学系カラム長M（図2.27ではコンデンサレンズから縮小レンズまでの距離）、縮小レンズの焦点距離fに比例し、加速電圧Vの3/2乗とカラム内の電子ビーム半径$r_0$に反比例することがわかる。

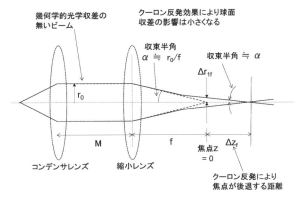

図2.27　ビーム集束時のクーロン反発の評価

実例として、I = 10nA, M = 1m, f = 0.02m, $r_0$ =10mm, V = 5kVとすると、式（2-29）および式（2-30）より、

$$\Delta Z_f = \{1.52\times10^4\times10^{-8}\times1\times(2\times10^{-2})^2\} / \{(1\times10^{-2})^2\times(5\times10^3)^{1.5}\}$$
$$= 1.7\times10^{-9}\text{（m）}$$

$$\Delta r_{1f} = 1.7\times10^{-9}\times1\times10^{-2}/(2\times10^{-2}) = 0.85\times10^{-9}\text{（m）}$$

が得られる。この結果から考えると、5kVで加速されたビーム電流10nAの20mm径の電子ビームをカラム長1m、焦点距離0.02mの電子光学系で集束した場合、ビームの拡がり$\Delta r_{1f}$は半径方向に0.85nm程度と推定される。ビーム電流を100nAまで増大させると8.5nmとなる。このことから上記の電子光学系の条件で10nmの解像度を得るための並列電

子ビームの個々のビーム電流は、クーロン反発効果のみを考えた場合10nA以下に制限される。

MPEBWでは全体でのビーム電流が大きいため、クーロン反発の影響を減らせるように、個々の電子ビームが集束する点をターゲット面以外に作らない、図2.28のようなクロスオーバフリーの電子光学系を構成している。

電子光学系がクロスオーバ点を有する場合の、クロスオーバ点でのデフォーカシングディスタンス$\Delta Z_f$の近似式を求める。なおこの近似式に必要とされる条件は、目安として次式の$\sigma$の値が10以上になることである [13]。

$$\sigma = 33 \times 10^{-6} \times (V^{3/2}/I) \times \tan^2\alpha \qquad (2\text{-}32)$$

ここで、Vは電子ビームの加速電圧、$\alpha$は電子ビームの集束半角、Iはビーム電流を示す(単位系はMKS)。

$\Delta Z_f$は次の近似式で表される(図2-28)[14]。

$$\Delta Z_f = C_{sc} \times \{(K_1 Z(K_1) + K_2 Z(K_2))/(K_1+K_2)\} \times IL/(\alpha^2 V^{3/2}) \qquad (2\text{-}33)$$

ここでLは縮小レンズから結像面までの距離であり、またZ(K)は以下のように表される。

$$Z(K) = 1 + 1/(1+K) - \{2\ln(1+K)\}/K \qquad (2\text{-}34)$$

$$K_1 = \alpha L_1/r_c \qquad (2\text{-}35)$$

$$K_2 = \alpha L_2/r_c \qquad (2\text{-}36)$$

$L_1$は凸レンズからクロスオーバ点までの距離、$L_2$はクロスオーバ点から結像面までの距離、$r_c$はクロスオーバ点でのビーム半径である。$K_i>100$,(i = 1,2)の場合はZ(K)を1に近似できる。

MPEBWにおいては、コンデンサレンズから縮小レンズを経由してターゲットウエハ面に至るまで、クロスオーバとなる点は無く電子ビーム同士は広がりを持って重なる。ただし、ビームを細く絞るとクーロン反発の影響が生じる。例えば、並列電子ビームの個々のビームの集束角$\alpha_0$を$\alpha_0 = 3$mradまで絞った場合、縮小レンズとターゲットウエハの間で

第 2 章　並列電子ビーム描画の課題

光軸を中心として直径約1μm程度の電子ビームが重なる領域ができる。これをクロスオーバ点と見なし、クーロン反発の影響を見積もる（図2-28）。

各ビームの電流密度を$100\mu A/cm^2$とすると、個々の電子源の電子放出面積は$10\mu m \times 10\mu m$なので、個々のビーム電流は$(100 \times 10^{-6}) \times 10^{-6}$ A = $10^{-10}$Aである。ビーム本数が10000本であるので総ビーム電流は$10^4 \times 10^{-10}$A = $10^{-6}$Aである。

$I = 10^{-6}$A, $f = 0.02$ m, $L_1 = 0.02$ m, $L_2 = 2 \times 10^{-4}$m, $\alpha$ = 半径方向での並列ビームの集束角の和/2 = $(\alpha_0 \times 2) \times (100/2) = 0.3$ rad, $r_c = 0.5\mu m$, $V = 5$kVとする。$L$は$L_1$と$L_2$の和で、$L \fallingdotseq L_1$となり、式（2-33）から式（2-36）より、$\Delta Z_f$は以下のように求まる。

$K_1 = \alpha L_1/r_c = 0.3 \times 0.02/(0.5 \times 10^{-6}) = 12000$

$K_2 = \alpha L_2/r_c = 0.3 \times 2 \times 10^{-4}/(0.5 \times 10^{-6}) = 120$

$\Delta Z_f = Csc \times \{(K_1 Z(K_1) + K_2 Z(K_2))/(K_1 + K_2)\} \times IL/(\alpha^2 V^{3/2})$

$\fallingdotseq 1.52 \times 10^4 \times \{(12000 \times 0.999 + 120 \times 0.928)/(12000 + 120)\} \times 10^{-6} \times 0.02/(0.3^2 \times 5000^{3/2})$

$= 1.52 \times 10^4 \times 0.998 \times 10^{-6} \times 0.02/(0.3^2 \times 5000^{3/2})$

$= 9.53 \times 10^{-9}$

$= 9.53$ (nm)

クロスオーバ点で重なったビームの、クーロン反発効果による半径の増分は、$\alpha$が0.3radなので式（2-30）より、

$\Delta r_c = \alpha \times 9.53 \times 10^{-9} = 2.86 \times 10^{-9} = 2.86$ (nm)

となる。式（2-32）の$\sigma$の値が$4 \times 10^{-6}$と平行ビームとなっており、クロスオーバ領域でのビームの広がり$\Delta r_c$は図2.28に示されるように、結像面に投影されるまでに直線的に$\Delta r_p$まで拡大される。頂点をAとし、$\Delta r_p$および$\Delta r_c$のそれぞれを底辺とする2つの三角形の相似比から、

$\Delta r_p/\Delta r_c = (L_1 + L_2)/L_1 = 1.01$

が成り立つので、$\Delta r_p = 2.89$ nmとなる。

これらの計算により、各ビームの集束半角を3mradまで絞った場合、

並列電子ビームの各ビームは周りに半径2.89 nmの拡がりを生じると見積もられる。ビーム電流を増やすには、ビームの集束半角$\alpha_0$を大きくすることでクーロン反発の影響を抑えればよい。また、各ビームの集束半角を小さくしてもクーロン反発が増大しないようにするために、並列電子ビームの主光線がクロスオーバ領域で1点に交わらない電子光学系をシミュレーション解析で最適化すればよい [13]。

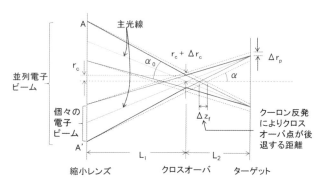

図2.28　クロスオーバ領域におけるクーロン反発効果（実際には$\alpha_0 \ll \alpha$、$L_1 \fallingdotseq L_1 \gg L_2$）

(2) 電子光学収差

　一般的な軸対称型のレンズで構成される電子光学系では、凹レンズを作ることができない。また光学レンズのように屈折率の異なる材料を任意の形状に加工することにより収差を補正する手段が無く、球面収差や色収差を補正できない。

　次式は電子ビーム径$D_t$と各光学収差の関係を示している。

$$(D_t)^2 = (D_{sa})^2 + (D_{ca})^2 + (D_{df})^2 + (D_{ss})^2$$

　ここで$D_{sa}, D_{ca}, D_{df}, D_{ss}$は、球面収差、色収差、回折収差、光源サイズの寄与を示している。

　回折収差は電子の波動性に起因し、加速電圧が低いほど波長が長いため大きくなる。また色収差は、電子源からの放出電子のエネルギ分散によって、電子レンズにおける屈折角が変わるために生じるが、これは加

速電圧が小さいほど相対的に大きくなる。加速電圧が小さいほうがレジストの感度は上がるが、これらの収差などの問題から電子ビームの加速電圧はある程度大きくしなければならない。

以下では、回折収差、色収差について説明した後、球面収差や光源サイズの寄与に関係する幾何光学的収差について述べる。

### a．回折収差

回折収差について説明する。一点から出た電子ビームがレンズによって像を結ぶ時、像は電子の波の性質により点にはならず、ぼやける。この時の像の広がりが回折収差であり、その大きさdは光学との類似性によりアッベの分解能の式から、

$$d = 0.61 \lambda / \sin\alpha \qquad (2\text{-}37)$$

となる。ここで、$\lambda$ は電子の波長、$\alpha$ は対物レンズにおけるビームの集束半角である。この式は、フラウンフォーファー回折から導かれる。結像面で得られる波の強度$A_m$は光軸からの半径rに対して

$$A_m = A_0 \{ J_1(kwr) / (kwr) \}^2$$

となる（図2.29）。ここで、$A_0$は光軸上での電子波の強度、$J_1$は第1種ベッセル関数、kは波数、wは入射部開口の半径である。光軸から最も近い暗環（波の強度が0になる半径 $r = 0.61\lambda/w$）から、式（2-37）の0.61が得られる。

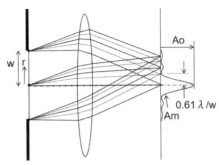

**図2.29　回折収差がおきるメカニズム**

λを電子のエネルギEとドブロイの物質波の式から求める。加速電圧が10kV以下では相対論を考える必要はないので、そのエネルギ保存則の式から、

$$E = eV_{acc} = p^2 / (2m)$$

となる。mは電子の静止質量（$9.1 \times 10^{-31}$kg）、$V_{acc}$は加速電圧、pは電子の運動量である。ドブロイの物質波の式 $\lambda = h/p$ より、プランク定数h（$6.626 \times 10^{-34}$m²kg/s）、電子の電荷e（$1.6 \times 10^{-19}$C）を用いると次式が得られる。

$$\lambda = h/(2m_0 eV_{acc})^{1/2} = (1.228 \times 10^{-9})/V_{acc}^{1/2}$$

すなわち加速電圧$V_{acc}$が大きいほど波長λを小さくできる。実例として、$V_{acc} = 5000$ V の時に $\lambda = 1.73 \times 10^{-11}$m となるので、対物レンズにおける電子ビームの集束半角αを10mradとすると、図2.30に示す電子ビームの回折収差dは式（2-37）より以下のように求まる。

$$d = (0.61 \times 1.73 \times 10^{-11})/10^{-2} = 1.05 \times 10^{-9} \fallingdotseq 1 \text{（nm）}$$

したがって、電子ビームの集束半角が10mradの条件で10nm以下のパターンの描画を行う場合には、回折による解像度への影響から加速電圧5kV以上は必要になると考えられる。

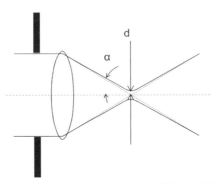

図2.30　回折収差によって決まる電子ビームの集束しうる最小サイズ

## 第2章 並列電子ビーム描画の課題

### b．色収差

色収差も加速電圧に影響される。これはレンズ作用が、エネルギの高いビームよりもエネルギの低いビームに対して強く働くために生じるためである（図2.31）。電子のエネルギおよびエネルギ分散をE, ΔEとすると、色収差$d_c$は

$$d_c = C_c \alpha (\Delta E / E)$$

で表される。$C_c$は色収差係数である。エネルギ分散ΔEは、加速電圧のゆらぎと、電子源の放出電子エネルギ分散による。電子ビーム描画装置で用いられる電子加速用高圧電源の安定度はppm/h以下が通常になっているので、仮に加速電圧を5000Vとすると、そのゆらぎは5mV以下になる。一方、電子源からの放出電子のエネルギ分散は電子源の種類に依存するが、通常数100meVから数eV程度であるので、ΔEはほとんど電子源によって決まる。ΔEを小さくする方法としては、エネルギフィルタによって不要なエネルギ成分を取り除く方法が用いられる。静電方式のフィルターでは、ΔEによりレンズにおける屈折角が異なることを利用し、屈折角をレンズで増倍した上で、不要成分をアパーチャで遮断することができる。

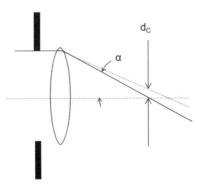

**図2.31　色収差**

c. 幾何光学的収差

　直列にした円筒電極による静電レンズや、磁場による磁気レンズは、球面レンズになる。球面レンズは幾何学的に理想的な焦点が得られないために必ず収差を発生するが、凹レンズを作れない軸対称系の電子光学系においては、光学レンズと異なり球面収差は基本的には補正することができない。しかしスティグメータに似た多極子で、特定の方向に凹レンズ効果を発生し、同時に発生するビーム断面形状の歪みを次の多極子で打ち消すとともに、残りの方向に凹レンズ効果を発生することで、球面収差や色収差を補正する技術は進んでいる。このため電子ビームにおいても、光の凹レンズに相当する収差補正法は行われるようになっている。なお電磁場の連続性から、光学レンズに相当する媒質の境界は存在せず、幾何光学的な収差の補正は数値解析を用いなければ解くことが難しい。

　それでも、電磁場の変化がステップ関数やシグモイド関数のように急峻に変化する関数に近似できるならば、電子ビームにおいてもスネルの法則を用いて屈折を考え、電子光学特性を解析的に解くことができる。電子ビームにおけるスネルの法則については2.2.1で説明したが、図2.32のように正電位$V_1$、$V_2$（$V_1 < V_2$）の2つの空間の境界面において、電子の入射角を$\theta_1$、出射角を$\theta_2$とすると、以下のようになる。

$$\sin\theta_1 / \sin\theta_2 = (V_2/V_1)^{1/2} \qquad (2\text{-}38)$$

　正電位が小さい空間から大きい空間に入射すると電子の運動エネルギは増大するが、これは2つの空間での境界の法線方向の速度比が$(V_2/V_1)^{1/2} = u_2/u_1$倍になるからである（$u_1$、$u_2$はそれぞれ入射側と出射側における電子の速度）。境界に平行な方向の速度は変わらないが、電子の場合は粒子の運動方向の屈折のため、屈折率に相当する$V^{1/2}$が大きい領域で電子の速度としては大きくなる（図2.32において$u_2 > u_1$）。

　このように、電子ビームの屈折角の計算では光学と同様に$\sin\theta$が含まれることになるが、$\sin\theta$をべき級数に展開すると

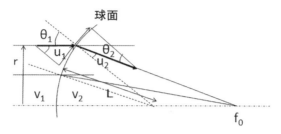

**図2.32 電子ビームの屈折**

$$\sin\theta = \theta - \theta^3/3! + \theta^5/5! - \cdots$$

となる。光軸付近のみの電子軌道を扱うならば、1次の項で近似し、式（2-38）を

$$\theta_1/\theta_2 = (V_2/V_1)^{1/2}$$

として$\theta$の線形関数として設計する。この線形モデルの下では幾何光学的な収差は発生しないことになる。しかし、実際のレンズでは3次、5次以降の項が影響する。3次の項までで近似した時の線形モデルからの幾何光学的な収差を、ザイデルの5収差（コマ収差、球面収差、非点収差、像面湾曲、歪曲収差）と呼んでいる。このうち、前3者は1点の電子ビーム源によって生じる収差である。

コマ収差は光軸に対して電子ビームが斜め入射することによるもので、ここでは割愛する。

球面収差は、静電レンズや磁気レンズでは球面レンズになるので必ず発生する。対物レンズに対し光軸からの半径rの位置を通った電子ビームの線形モデルでの焦点位置$f_0$は、電子ビームの屈折角$\theta$がrに比例するため、$\theta = f_0 \times r$となり、対物レンズに入射した電子ビームはrの大きさによらず1点に集束する（図2.32）。実際には上述したように高次の項が影響する、つまり$\sin\theta$の関数なので、式(2-38)に示したスネルの法則から、$\theta_2$は、

$$\theta_2 = \sin^{-1}\left[(V_2/V_1)^{1/2}\sin\theta_1\right]$$

で表される。光軸に対する電子ビームの角度は$\alpha_0 = \theta_1 - \theta_2$であり、また

69

図2.32に示すようにレンズの曲率半径をLとすると、r = L sin θ₁である。これらから、

$$\alpha_0 = \sin^{-1}(r/L) - \sin^{-1}\left[(V_2/V_1)^{1/2} r/L\right]$$

となる。球面収差の影響を正規化し、半径(r/L)を横軸、α₀を縦軸としてプロットすると図2.33のようになる。rを大きくしていく、つまり、対物レンズに入射する電子ビームが光軸から離れるほど、線形モデルで予想されるよりも強く電子ビームが曲げられ、焦点の位置が対物レンズ側にシフトすることを示している。

球面収差の影響で電子ビームは1点に集束されず、線形モデルにおける焦点位置(ガウス像面)よりも対物レンズに近い側に、様々な方向に

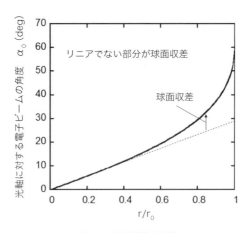

図2.33　球面収差の影響

運動する電子が集まる領域ができる。この時に光軸からの距離が最も小さくなる電子ビームの断面を最小錯乱円と呼ぶ。最小錯乱円の直径をdsとすると、

$$d_s = C_s \alpha^3 / 2 \qquad (2\text{-}81)$$

の関係がある。図2.34は最小錯乱円と球面収差係数Csの関係を示している。

第2章 並列電子ビーム描画の課題

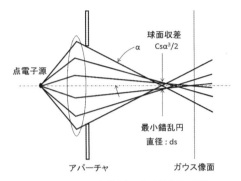

図2.34 球面収差係数と最小錯乱円の関係

　非点収差は、光軸に垂直な面内における縦方向と横方向でのレンズの焦点距離がずれるものである。それらの焦点距離の中間では、電子ビームの断面が光軸に沿って楕円や大きさを持った円に変化し、球面収差係数で予想されるよりも最小錯乱円が大きくなる。非点収差の原因はレンズ電極の加工誤差や組み立て誤差、レンズやカラム内の汚れの付着による電子のチャージアップなどが考えられる。非点収差は多極子からなるスティグメータによって、縦方向の電子ビームの焦点距離と横方向の焦点距離を別々に調整することで補正可能である。

　ここまで、光軸上の1点から出た電子ビームを1点に集束できない原因となっている、回折収差、色収差、球面収差、および非点収差について説明した。一方、像面湾曲と歪曲収差は、大きさのある電子ビーム源が作る像の理想位置からのずれに関するものである。面電子ビームや並列電子ビームの一括縮小描画では、像面湾曲と歪曲収差が発生する。像面湾曲のため光軸の付近でしかフォーカスが得られない。歪曲収差によって複数の電子ビームの配置に歪みが生じ、格子状に配置された像が樽型や糸巻き型の形状に歪む。これらを補正するためには、4.1.2で説明するような、光軸からの半径方向で電子ビームの焦点位置を調整するための機構が必要になる。

71

## 2.3 描画速度

マルチビーム化する目的は描画の高速化である。描画時間の内訳を検討して効率の良い描画方法を実施し、より高速化を目指すことになる。以下では描画速度を決定する要素について述べる。

### 2.3.1 ビーム照射に要する時間

電子ビーム (EB) 描画は、ウエハ上に塗布したレジストに電子ビームを照射してパターニング(描画による図形形成)を行う。電子ビームはレジストとウエハ材料の構成原子と衝突、散乱を繰り返してエネルギを失い、ある深さで停止する。図2.35は入射する電子ビーム(一次電子)のエネルギによる、前方散乱電子、後方散乱電子、および二次電子の違いを定性的に示してある。電子ビームが照射された部分のレジストは化学反応により、ポジ型レジストでは現像液に溶けやすくなり、ネガ型レジストでは溶けにくくなり、現像後に様々なパターンが形成される。一次電子のエネルギが大きい場合は、電子の広がりが小さくなり微細パターンを形成できる。一方エネルギが小さい場合は、レジスト露光に必要な電荷量が小さくて済む。すなわち感度が高くなり、5keVの場合は、50keVの場合よりも10倍ほど感度が高い。

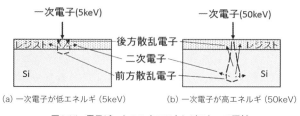

(a) 一次電子が低エネルギ (5keV)　　(b) 一次電子が高エネルギ (50keV)

**図2.35　電子ビームのSiウエハ上レジストへの照射**

この電子ビーム照射(ショット)によるパターニングに必要な時間は次式で表される。ショット数とは電子ビームを照射する回数である。

パターニング時間(sec) ＝ ［ビーム照射(On)時間(sec) ＋ ビーム Off 時間(sec)］× ショット数

ショット間でビーム Off にする目的はいくつかある。ショットあたりのビーム照射時間が十分長い場合は、ビームを照射したまま目的の場所にビームを移動しても、ビームの軌跡はパターニングに影響しない。しかし高速描画を目指す場合には、この余計なビーム軌跡の影響を無くす目的で、ビーム移動速度をショットあたりのビーム照射時間に対して高速にする必要がある。しかし駆動回路の応答性には限界があるため、図2.36（a）に示すように余計な軌跡がパターンの上に残ってしまう。そこでパターンの無い領域をビーム移動する時にはビーム Off し、図2.36（b）に示すように、余計な軌跡が残らないようにする。

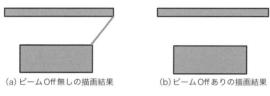

(a) ビーム Off 無しの描画結果　　(b) ビーム Off ありの描画結果
図2.36　ショット間ビーム Off 無し／ありの描画結果

レジストを化学反応させてパターンを形成するのに必要な単位面積当たりのビーム照射電荷量は、照射電子ビームの加速電圧が大きくなるほど、それにほぼ比例して大きな量が必要になる。またレジストの種類によりこの曲線は変わる。EB描画でよく使われる日本ゼオン社製レジストZEP520Aの場合、加速電圧100keVでは300〜400μC/cm²、50keVではその半分、5keVではさらに10分の1で20〜30μC/cm²程度である。低加速電圧にするとレジストは高感度になり高速に描画ができるが、図2.35（a）で示すように前方散乱と後方散乱が大きくなるためレジスト内でビームが広がってしまう。低加速電圧で高解像度の描画を行うには、このレジスト内での散乱効果を減らすためにレジストを薄くする必要があるが、薄いと後のエッチング工程にレジストが耐えられない問題がある。

ビーム照射電荷量(ドーズ)はビーム電流と照射時間の積であり、照射時間は次の式で求まる［15］。

　　照射時間（sec）＝ レジスト感度（$\mu C/cm^2$）×ショットあたりの描画面積（$cm^2$）÷ビーム電流（$\mu A$）

図1.5のポイントビーム型描画装置の場合は、描画方式は必要なポイントのみ照射するベクター方式と偏向エリア全域を全面スキャンするラスター方式がある。ベクター方式は図2.37（a）に示すように不要なエリアをスキップして必要な領域のみにビームを照射するものである。シングルビームをマルチビーム化した場合は、ショットエリアに少しでもパターンがあれば、その偏向領域はスキップできないためベクター方式が使えず、図2.37（b）に示すようにショットエリア内のビーム移動はテレビのようなラスター方式となる。

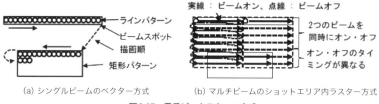

(a) シングルビームのベクター方式　　(b) マルチビームのショットエリア内ラスター方式
図2.37　電子ビームスキャン方式

ラスター方式では、ショット回数はパターンによらず(ビームOn/Offに関わらず)、次式で表される。

　　ショット回数＝描画総面積（$mm^2$）÷ショットあたりの描画面積（$mm^2$）

以上に述べた描画時間を決定する各要素について描画時間を短縮するには、次の改善が必要である。

・ビーム電流量を増やす
・ショットあたりの描画面積を増やす（またはビーム数を増やす）
・高感度レジストを用いる（または加速電圧を下げる）
・ビームOff時間を短くする

## 2.3.2　データ転送に要する時間

　パターニングは電子ビームをOn/Offさせて行う。様々なパターンを描画するには、ビームOn/Offを記述したデータの入れ替えと、データに応じてビームをOn/Offさせる駆動回路が必要となる。数万本のマルチビームの場合、全てのOn/Offの1bitデータをパラレル転送するとデータ幅は数万bitとなり物理的に実現できない。また1本の伝送路でシリアル転送すると、1ショットのデータを転送するのに数万クロックが必要となり、ビーム照射時間相当の速度で転送することは困難である。そこでシリアル転送を複数の伝送路を用いて行う等の高速転送技術により、ショット間でデータ転送による待ち時間が発生しないようにする。データをシリアル転送で受け取ったビームOn/Off駆動回路は、一括でショットできるようにデータをラッチして、全てのデータが揃うのを待つ必要がある。ここで駆動回路にバッファを持たない図2.38 (a) の回路の場合、図2.39 (a) に示すようにビーム照射とデータの入れ替えは交互に行うこととなり、データ入れ替え時はビームを全てOffにしなければならない。これは図2.38 (b) に示すように1つのビームOn/Off駆動回路に2つのラッチを用意し、交互にデータ入れ替えを行いながら描画を行うようにすれば解決できる。図2.39 (a) はバッファがない場合のタイミングチャートであるが、バッファ付では図2.39 (b) に示すように1つ前のタイミングでラッチした (データ書き込みした) データで描画を行い、同時に次のデータをラッチして、ビームOffの無駄時間を最小にすることができる。なおこの方式でも1回のショットあたりのデータ入れ替え時間が照射時間よりも長い場合は、図2.39(c)に示すようにビームOffのタイミングが必要となるので、データ書き込みのためのデータ転送は十分高速でなければならない。

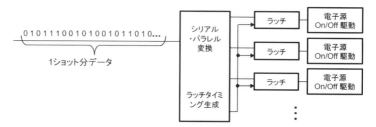

(a) 1回路にラッチが1つの場合

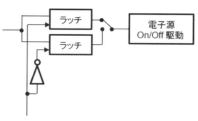

(b) 1回路にラッチが2つありショットの度に切り替える、バッファ付の場合

図2.38　シリアルデータ転送による電子源On/Off駆動

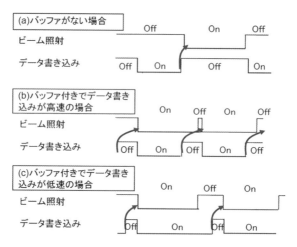

図2.39　データ書き込みとビーム照射のタイミングチャート

第 2 章　並列電子ビーム描画の課題

　次にラインアンドスペース（L&S）パターンの各ラインを、マルチビームの各々のビームで描画する場合を考えてみる。図2.40（a）の下のグラフで、実線の山の高さで示すように、各々のビーム電流量が均一でない場合、ビームOn/Offのタイミングを全てのビームで共通にすると、図2.40（a）の上に示すように描画パターンのライン幅はばらついてしまう。また高精度なパターニングでは、パターン密度に依存する近接効果が影響する。近接効果とはウエハ内で照射電子が散乱することで、照射した領域より広い範囲のレジストを感光する現象で、図2.40（a）下のグラフに点線で示すようにパターンが密な領域はより多く露光される。

　各パターンの線幅をそろえるためには、図2.40（b）の下のグラフに示すように、各々のビームで照射時間を変える必要がある。このような場合は、最も照射時間の長いビームによってパターニング時間は決まり、照射時間が短くて済む他のビームは照射後にビームをOffして待機するようにする。ビーム照射時間とビーム照射電荷量（ドーズ）は比例するので、ビーム照射時間の制御をドーズコントロールと呼ぶ。

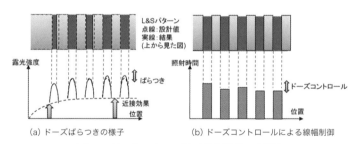

（a）ドーズばらつきの様子　　（b）ドーズコントロールによる線幅制御

図2.40　ドーズコントロールによる線幅ばらつき補正

　ドーズコントロールは線幅ばらつきを均一化するだけではなく、ショットサイズ未満のパターン寸法の調整にも使われる[16]。図2.41に示すように、ショットサイズの整数倍より僅かに太い線幅のパターンを得るのに、パターンのエッジに位置するビームのドーズを調整して描画する。

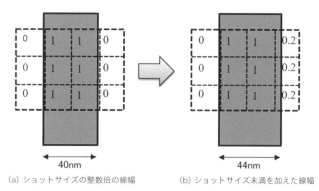

(a) ショットサイズの整数倍の線幅　　(b) ショットサイズ未満を加えた線幅

図 2.41　ドーズコントロールによるサブピクセル描画

　これらのドーズコントロールによる線幅制御では、数万本のマルチビームに対してドーズの細かい階調をデジタルデータで表現したものを用意すると、回路は複雑化しその制御のためのデータは膨大になる。このため個々のビームは 4bit または 8bit 階調程度に止め、後述する多重露光方式によってさらに階調を多くするのが有効である。

### 2.3.3　ステージ移動に要する時間

　ウエハ全域をビーム偏向のみでパターニングできない場合は、ウエハを移動しながらパターニングを行う。そこでステージ駆動方式もトータルの描画速度に影響する。ステージ移動方法にはステップアンドリピート（S&R）方式と連続移動方式がある。図 2.42（a）に示す S&R 方式の場合は、ステージが停止してからビーム照射によるパターニングを行うが、ステージ停止直後は振動するので、振動がある程度まで収まるまでは待たなければならない。この整定時間中とステージ移動中はビーム Off 時間となり、ステージ移動回数が多くなるとその累積時間は大きなものになる。そこで高速描画では、図 2.42（b）に示す連続移動ステージ方式を用いてステージ移動中も、ビーム偏向によって追随しながらパターニングを行うことで、移動中のロス時間を無くすことができる。しかし連続移動ステージでも、直動の場合は進行方向を反転する際にビーム Off し

なければならないので、この時間がパターニング時間に加わる。

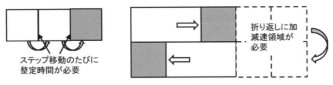

**図2.42　ステージ移動方式**

　ステージ移動に伴いビーム照射部が振動するため、そのままビーム照射を行うと、生成されるパターンに振動が乗って位置ずれが生じる。電子ビームは電界による偏向で、高速に照射位置を変えることができるので、ステージ振動を検知し、目標位置からの誤差を電子ビームの偏向にフィードバックしてビーム位置を補正する。この動作はステージを高速に移動しながら行なうので、パターニングのためのビーム照射系とは独立して行うようにしてパターニング時間に影響しないようにする。図2.43は左側のパターニング制御と右側のビーム位置補正を分離したシステム例である。ビーム位置ずれをリアルタイムに補正するためには、ステージ位置検出の速度をパターニング速度よりも十分高速にする必要がある。

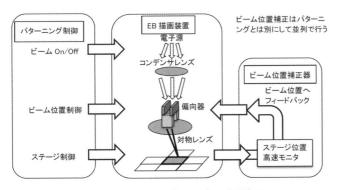

**図2.43　パターニング制御とビーム位置補正**

### 2.3.4　描画準備時間

　パターニングに必要なパターンデータ転送時間や描画準備にも時間が必要である。データ転送を、描画準備時間とパターニング時間、ステージ移動時間内に済ませることで、データ転送が描画時間に影響しないようにすることができる。そのためには高速データ転送手段が必要である。EB描画装置は真空装置であるため、ウエハを大気中から試料室に搬入するための真空排気とウエハハンドリング、および描画後にこの逆の動作が必要である。真空排気に伴う温度変動によるウエハやその周辺部分の伸縮、振動等、描画位置精度に関わる要因を抑える工夫を行った上で、安定するまでの待ち時間が必要になる場合もある。これらの動作時間は描画準備に必要であり、この間に描画はできない。

　　ウエハ描画時間＝パターニング時間＋ステージ移動に伴う整定時間
　　＋描画準備時間（＋データ転送時間）

### 2.3.5　稼働時間

　描画装置は種々の理由で描画ができない期間、ダウンタイムがある。例えば真空排気には主として真空ポンプが使われ、定期的なメンテナンスのダウンが避けられない。長い時間使用すると、鏡筒内で散乱した電子ビームがあたる部位に絶縁性のコンタミネーション（主として炭化物）が堆積し、電子ビームの軌道に影響を与えるため、定期的にクリーニングしてコンタミネーションを除去する必要がある。また電子源には寿命があり、電子源の交換作業も必要である。これらのダウンタイムを最小限にするよう、故障防止の工夫に加えて、ダウン状態からのリカバリーをいかに短時間で行えるかが、特にデバイス生産で使用される場合には要求される。従って稼働率も描画時間に関して重要な指標になる。

　　リソグラフィに要する時間＝ウエハ描画時間×稼働率

## 2.3.6 マルチビーム駆動

マルチビームを高速に駆動するには、シングルビームと同じ処理を、ビームの本数分行う必要があるので、数万本のビームに対しては並列処理が必須である。イメージ的には、従来のポイントビーム描画処理回路をビームの本数分用意して並べる。単純な構成としては1万本のマルチビームに対して1万個のカラム、データ転送系、レンズ駆動回路等といった具合である。しかしながらこれは現実的ではないので、ある程度のビーム数に対してグループ化する手法がある。例えば1万本のマルチビームに対して1本の鏡筒、100ビーム分のデータ幅を持った高速シリアル通信によるデータ転送を100本用意する、といったような具合である。図2.44に示すように、ステージ移動量がウエハサイズによらずに一定となるようにして、並列処理するグループをウエハのサイズに応じて増やしていけば、描画時間はウエハサイズによらずに一定にすることができる。これはマルチカラム方式の考えと類似する。

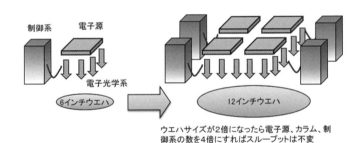

**図2.44 マルチビームのマルチ化**

ところで、マルチビームのビーム電流量の不均一さや配列の不正確さは、そのまま描画結果に影響してしまう。電子源、鏡筒ともに補正無しで要求精度を満足するよう、高精度な加工と組立が要求される。これを補正するとしたら、補正はまずエラー分の検出を行い、その値を打ち消すように行う。個々のビームの照射量とビーム位置の補正が必要な場合は、補正量の検出をいかに高速にかつ正確に行うかが課題となる。その

上で高速処理のためには補正制御はできるだけ単純なものにする必要がある。

### 2.3.7 多重描画

照射時間や照射位置を個々のビームで補正する方法以外に、マルチビームのビーム電流量の不均一さや配列の不正確さがある程度以下でランダムであれば、均一化する方法として多重描画方式がある。例えば1ヶ所の照射を異なる9個のビームを重ねて行う。9個のビームのOn/Offタイミングは同一とする。この場合、ビーム電流量と照射位置は9個のビームによる照射の平均となり、個々のばらつきは平均化される。図2.45の点線は個々のビームの照射量のばらつきが±2%ある様子を示したもので、実線は隣接する9個のビームで多重描画を行い、ビーム照射量のばらつきが±0.5%に抑えられる様子を示している。ノイズが多い信号を解析するときに移動平均を用いるが、これと同じような効果が多重描画で得られる。

なお多重描画を行う場合、個々のビームの照射時間は多重回数分の1となる。各ビームのOn/Off制御はその分高速に行わないと、多重を行わない場合と比べて描画速度が低下してしまう。

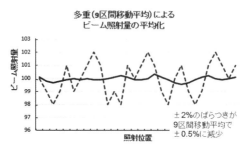

図2.45　多重描画によるビーム照射量平均化

## 2.3.8 欠陥補完描画

マルチビームにビーム放出ができない欠陥ビームが含まれる場合、多重描画を行っても欠陥の分はビーム照射量が不足する。図2.46は図2.47のビームの一個が欠陥したことにより、このビームが関与する部分でビーム照射量が10%以上不足する様子を示す。このビーム照射量が不足する部分のパターンは欠落する。

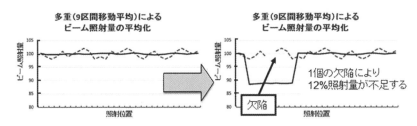

図2.46　多重露光によるビーム照射量平均化（欠陥の影響）

そこで欠陥ビームによってビーム照射量が不足した領域は別の正常なビームで描画して補完する。図2.47は2個の電子源を用いて、欠陥補完描画を行う様子を示したものである。電子源に欠陥が含まれる場合、どのビームが欠陥であるかを"1"で示したマップをここでは欠陥マップと呼ぶ。2個の電子源の欠陥マップの"1"が重ならなければ、電子源1で描画して描画できなかった領域（図の白い部分）は電子源2の正常なビームの一部を用いて描画することができる。

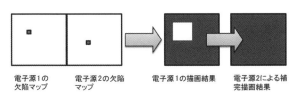

図2.47　複数の電子源を用いた欠陥補完描画

図2.48のフローはこの欠陥補完描画の実現方法の一例である。nはマルチビーム電子源の番号で、ここでは5個の電子源による描画を終えると補完付き描画は完了する。動作について説明すると、まず図2.48（a）のフローで、予め欠陥のあるビームを調べてマップ化しておく。図2.48（b）の1個目（n=1）で通常の描画を行う。次に2個目で欠陥ビームが関わる領域に対してのみ補充描画を行う。未描画マップはオール"1"に初期化しておき、このマップに"1"がある場合は、該当する電子源をパターンデータに従ってOn/Off駆動して描画を行う。既に描画を終え、新たに描画を必要としない電子源は未描画マップでは"0"となる。全てが"0"になれば欠陥のない描画が行われたことになる。

　図2.48の欠陥補完描画は5個のマルチビーム電子源が並んでいることを想定している。全てのマルチ電子源の同じ場所が欠陥になる確率は極めて低い。例えば、各々の欠陥率を1%とした場合、欠陥がランダムな位置で発生する場合は、3回の補完描画で1% × 1% × 1%=0.0001%の欠陥率となり、描画成功率は99.9999%と限りなく欠陥の無い描画ができる。なお欠陥がある特定の場所で発生する場合はこの計算式には従わないので、補完が有効に働かない場合もある。補完描画方式は電子源数とその制御は、冗長の分多くなるが、描画時間は欠陥補完無しの描画と同じである。

第 2 章　並列電子ビーム描画の課題

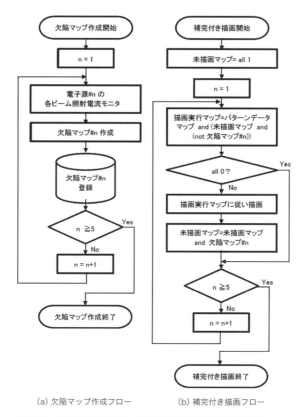

(a) 欠陥マップ作成フロー　　(b) 補完付き描画フロー

図 2.48　最大 5 個のマルチビーム電子源による欠陥補完描画フロー

　一方、1個のマルチビーム電子源でも補完描画は可能である。欠陥マップは1つだけとなるが、図2.49に示すように2回目以降の描画は同じ電子源をずらして行う。欠陥のあるビームが担当している領域を他の欠陥のないビームで補完して描画を行うのである[17]。この場合に電子源数は補完分を別に用意する必要はないが、描画時間は補完描画回数分増大してしまう。電子源の欠陥に対しては、図2.49のような電子源の冗長構成が、高スループットを維持する上で有効である。

85

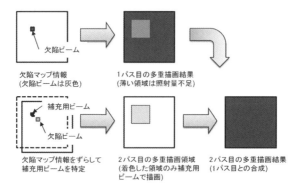

図2.49 同一電子源を用いた2パスによる欠陥補完描画

　図2.48（a）のフローでは欠陥ビームは照射量不足のものだけとしているが、照射位置が大きくずれる場合も含まれる。さらに多重描画では、図2.50に示すように個々のビームの照射位置ずれは平均化されて、重心位置が合成ビームの照射位置となるが、照射量が適切でも合成後のビーム分布が大きく広がる場合は、描画後のプロセス後にパターンは解像せずに欠落するので、このような多重描画後に位置ずれを伴うビームも欠陥として扱うことになる。

図2.50 多重描画で発生する欠陥

### 参考文献

［1］　I. L. Berry, A. A. Mondelli, J. Nichols and J. Melngailis（Microelectronics Research Laboratory, Science Applications International Corporation, University of Maryland）; Programmable aperture plate for maskless high-throughput nanolithography, J. Vac. Sci. Technol. B 15（6）（1997）2382-2386.

[2] S. E. Kapl, H. Loeschner, W. Piller, M. Witt, W. Pilz, F. Letzkus, M. Jurisch, M. Irmscher and E. Platzgummer (IMS Nanofabrication AG); Characterization of CMOS programmable multi-beam blanking arrays as used for programmable multi-beam projection lithography and resistless nanopatterning, J. Micromech. Microeng. 21 (2011) 045038 (8pp).

[3] L. Grella, A. Carroll, K. Murray, M. A. McCord, W. M. Tong, A. D. Brodie, T. Gubiotti, F. Sun, F. Kidwingira, S. Kojima, P. Petric, C. F. Bevis, B. Vereecke, L. Haspeslagh, A. U. Mane, and J. W. Elam (KLA-Tencor Corp.); Digital pattern generator: an electron-optical MEMS for massively parallel reflective electron beam lithography, J. Micro/Nanolith. MEMS MOEMS, 12 (3) (2013) 031107.

[4] P. W. Hawkes, E. Kasper; Principles of electron optics (Applied Geometrical Optics), Academic press (2012).

[5] C. J. Davisson and C. J. Calbick (Bell Telephone Laboratories); Electron lenses, Phys. Rev. 42 (1932) 580.

[6] D. W. O. Heddle; Electrostatic lens systems, Institute of Physics Publishing (2000).

[7] I. Brodie, J. J. Muray; The physics of micro/nano-fabrication, Springer (1992).

[8] J. W. Gewartowski and H. A. Watson; Principles of electron tubes, D. Van Nostrand Company, Inc., (1965).

[9] 立花繁明(エスエスアイ・ナノテクノロジー㈱); 磁界・静電界複合光学系SEMにおける信号検出, 顕微鏡, 43 (3) (2008) 174-176.

[10] H. Jaksch and J. P. Martin (Carl Zeiss AG); High-resolution, low-voltage SEM for true surface imaging and analysis, Fresenius J. Anal. Chem. 353 (1995) 378-382.

[11] G. H. Jansen; Coulomb interaction in particle beams, Technische Universiteit Delft (1988).

[12] K. Kanaya, H. Kawakatsu, H. Yamazaki (Electrotechnical laboratory); An evaluation of the aberrations of focused beams of charged particles caused by space charge, Brit. J. Appl. Phys. 16 (1965) 991-1007.

[13] K. T. Dolder and O. Klemperer (Imperial College, Univ. of London); Space-charge effects in electron optical systems, Jounal of Applied Physics, 26 (12) (1955) 1461-1471.

［14］A. Kojima, N. Ikegami, H. Miyaguchi, T. Yoshida, R. Suda, S. Yoshida, M. Muroyama, K. Totsu, M. Esashi, and N. Koshida（Tohoku Univ., Tokyo Univ. of Agriculture and Technology）; Simulation analysis of a miniaturized electron optics of the Massively Parallel Electron Beam Direct-Write (MPEBDW) for multi-column system, Proc of SPIE (2017) 10144-20.

［15］横山 浩(監修),秋永広幸(編集)(産業技術総合研究所);電子線リソグラフィ教本,オーム社(2007).

［16］V. Dai（University of California, Berkeley）; Data compression for maskless lithography systems : architecture, algorithms and implementation, Proquest, Umi Dissertation Publishing (2011).

［17］B. J. Kampherbeek（MAPPER Lithography B.V）; MAPPER : high throughput maskless lithography, Litho Extensions workshop, Japan (2010).

# 第3章　並列電子ビーム描画装置用電子源

　この章は並列電子ビーム描画装置用の電子源に関するものである。3.1では電子源を概観した後、研究されてきた各種電子源として、3.1.1ではカーボンナノチューブ（CNT）などを用いた電界放射電子源、3.1.2ではダイヤモンドを用いた電界放射熱電子源、3.1.3では光で電子を放出するフォトカソードを用いた光制御電子源について述べる。また3.2では、本格的な超並列電子ビーム描画装置のためのアクティブマトリックス駆動に適した、ナノクリスタルシリコン（nc-Si）電子源について説明する。

## 3.1　研究されてきた各種電子源

　電子顕微鏡や電子ビーム露光装置に用いられる電子源（電子銃）には、熱電子放出を用いた熱電子源、金属表面の電子に対する電位障壁が電界で低くなるショットキー効果（Shottky effect）を熱電子放出に併用した電界放射熱電子源、また加熱せずに金属表面の強電界で電位障壁の厚さを減らし、トンネル電流を用いる電界放射電子源などがある。熱電子源としては、タングステンに1～2%のトリア（$ThO_2$）を入れたトリウムタングステン線、あるいはランタンヘキサボライド（$LaB_6$）単結晶などが用いられる。$LaB_6$は仕事関数が約2.7eVと低いため1600℃と比較的低い温度で、1A/cm$^2$ほどの大きな放射電流を得ることができる。電界放射熱電子源としては、細い先端を持つタングステン（W）の単結晶を酸化ジルコニウム（ZrO）で被覆し1500℃ほどに加熱して用いる。ZrOが仕事関数を低下させるため、比較的低温で大きな電子電流が得られる。電界放射電子源としては、細いWなどが用いられる。

### 3.1.1 電界放射電子源（カーボンナノチューブ電子源 他）

#### （1）金属電界放射電子源

金属を用いた電界放射電子源の実験装置を図3.1に示す[1]。白金（Pt）を電子源（チップ）に用いており、これに対して正の$V_G$の電圧で電界を印加する引出電極（ゲート）を持つ。レンズとしての電極には、電子源に対して負の$V_L$の電圧を印加して、引き出された電子を集束させる。電子源から10mm程離れたアノードには、電子源に対し正の電圧$V_A$を印加し、電子電流$I_A$を測定する。

図3.2に、このPt電界放射電子源の製作工程を示す。Si上に絶縁膜である$SiO_2$とSiを重ねたSilicon On Insulator（SOI）ウエハを用い（図3.2(1)）、アルカリ液を用いたSi結晶異方性エッチングによってV型の形状を作る（図3.2(1)）。これを熱酸化するとV型の底は応力のため酸化しにくいため、酸化膜は薄くなる（図3.2(3)）。上下のSiへ電気的コンタクトを取るために、その部分の$SiO_2$をエッチングし、パターニングしたレジストの上にCrとPtをスパッタ堆積し、レジストをリフトオフしてCr/Ptを残す（図3.2(4)）。裏のSiを$F^+$イオンによる深堀反応性イオンエッチング（Deep Reactive Ion Etching（Deep RIE））でエッチングする（図3.2(5)）。裏面から$SiO_2$とCrをエッチングし、研磨で裏面のSiを薄くして、ワイヤボンディングを行う（図3.2(6)）。このようにして製作した電子源の写真を図3.3に示してある。7×7のアレイとして製作されている。

この電子源を動作させたときの、チップ・ゲートリーク電流$I_G$、チップ・レンズリーク電流$I_L$、および放射電子電流（アノード電流）$I_A$の経時変化を図3.4に示してある。これから放射電子電流が得られていることが分かるが、時間とともにチップ・ゲートリーク電流$I_G$の増加が見られる。これはPtチップ先端近くの$SiO_2$膜が薄いため、電子を引き出すための電圧を印加するゲートとの間で大きな電界強度になり$SiO_2$膜が劣化するためである。

図3.5はPt電界放射電子源の集束をシミュレーションしたもので、ま

た図3..6は実際のPt電界放射電子源からの電子を異なるレンズ電圧($V_L$)で集束させた結果である。

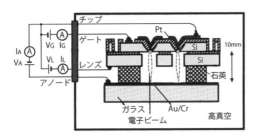

図3.1 金属（Pt）電界放射電子源

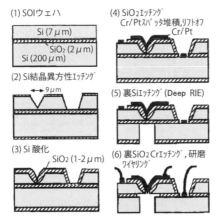

図3.2 Pt電界放射電子源の製作工程

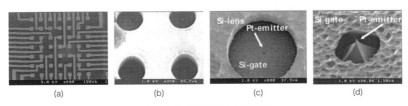

図3.3 Pt電界放射電子源の写真
(a)(b)(c)(d) と順次拡大

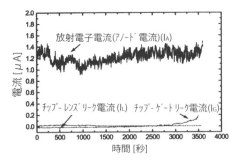

図 3.4　Pt電界放射電子源の電流の経時変化
（$V_A$ : 700V, $V_G$ : 300V, $V_L$ : 10V）

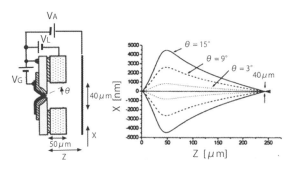

図3.5　Pt電界放射電子源の集束シミュレーション
（$V_A$ : 1kV, $V_G$ : 100V, $V_L$ : 6V）

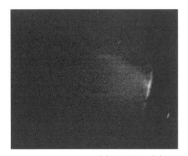 

(a) $V_L$ : 0V　(b) $V_L$ : 10V スポット径200μm
図3.6　Pt電界放射電子源の集束結果
（$V_A$ : 700V, $V_G$ : 300V）

## (2) カーボンナノチューブ (CNT) 電界放射電子源

電子源の大きさが小さいことは電子ビームの集束だけでなく、電子放出に必要な強い電界を得るためにも有効である。この目的で、カーボンナノチューブ (CNT) を用いた電界放射電子源を開発した [2]。その製作工程を図3.7に示す。(100)面を持つSiウエハを熱酸化し、フォトリソグラフィで酸化膜 ($SiO_2$) を 5μm径にパターニングし、$SiO_2$ をマスクにして反応性イオンエッチング (RIE) でSiを4μmエッチングする (図3.7(2))。テトラメチルアンモニウムハイドロオキサイド (TMAH) 液でSiを結晶異方性エッチングし、$SiO_2$ は残っているようにする (図3.7(3))。この $SiO_2$ をマスクにして再びSiのRIEを行う (図3.7(4))。またSiを結晶異方性エッチングして $SiO_2$ が取れるまで行うと、尖ったSiが得られる (図3.7(5))。これに5nmの厚さのFeをスパッタ堆積する。Feを触媒として用い、次に述べるホットフィラメント (HF) CVDで、Si突端にCNTを成長させる (図3.7(6))。このようにして成長させたCNTの写真を図3.8に示す。

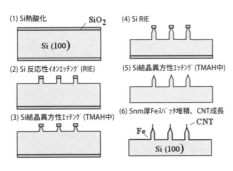
図3.7　カーボンナノチューブ (CNT) 電子源の製作工程

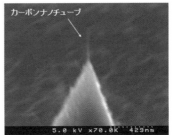
図3.8　Si突端に成長させたCNT

図3.9にCNTとSi突端の電界放射電流の違いを示しているが、低電圧で電子が放出できていることが分かる。CNTにより先端で電界強度が大きくなる様子をシミュレーションした結果を、図3.10に示してある。

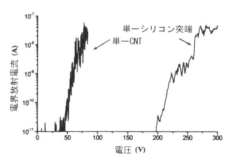

図3.9　CNTとSi突端の電界放射電流（アノードとの間隔10μm）

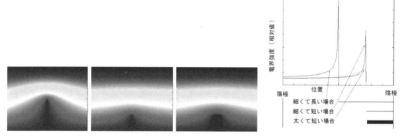

(a) 先端の太さによる電界強度分布の違い　　　(b) 先端から垂直方向の電界強度変化

図3.10　CNTによる電界強度変化のシミュレーション

　カーボンナノチューブ（CNT）を成長させるには、図3.11のホットフィラメント（HF）CVD装置を使用する[3]。アセチレン（$C_2H_2$）と$H_2$を真空装置に導入し、Wフィラメント表面で$C_2H_2$を分解したCを堆積させる。試料ステージ上のSiウエハには−300Vの基板バイアス電圧を印加しておくと、Si突端にだけ選択的にCNTを堆積させることができる。この原理を図3.12に示してあるが、負電圧を印加したSiの突端の強い電界のため、W表面でできた$C^+$イオンが集められてCNTとして成長する。なおこのHFCVDは、3.1.2で述べるようにバイアス電圧を印加しないでダイヤモンドを成長させることにも利用でき、後述するようにボロン（B）を添加して成長させたダイヤモンド膜も電子源として用いられている。

第3章　並列電子ビーム描画装置用電子源

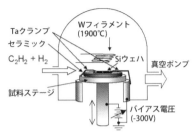
図3.11　CNTのホットフィラメント（HF）CVD装置

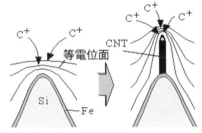
図3.12　Si突端へのCNT成長の原理

図3.13にCNT電界放射電子源の製作工程を示してある［4］。図3.2で説明したPt電界放射電子源の製作工程に近いが、図3.13（7）でPt先端にCNTを選択的に成長している。製作した電子源の静電レンズを含む写真と、拡大したCNTの写真を図3.14に示す。

このCNT電界放射電子源は水素に暴露した後は仕事関数が低下するため、図3.15（a）のように放射電子電流が増加し、また図3.15（b）のように雑音を低減させることができる。

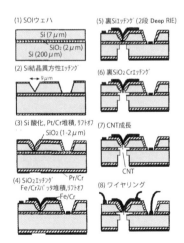
図3.13　CNT電界放射電子源の製作工程

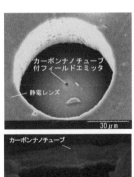

図3.14　CNT電界放射電子源とその拡大写真

95

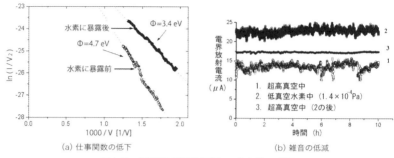

図3.15　CNT電界放射電子源への水素ガスの効果

(3) ゲート耐圧を向上させたカーボンナノチューブ(CNT)電界放射電子源

図3.1のPt電界放射電子源における電流は、図3.4で見られたように、チップとゲートの間の絶縁膜が薄いため時間とともにゲート電流が増加する問題があった。これを解決するため絶縁膜を厚くしたCNT電界放射電子源の製作工程を図3.16と以下で説明する[5]。(100)面を持つSiウエハを酸化して酸化膜をパターニングする(図3.16(1))。この酸化膜をマスクにしてSi結晶異方性エッチングし酸化膜がとれるまで行って、Si突起を形成する(図3.16(2))。これにテトラエトキシシラン(TEOS)を原料にして、$SiO_2$をプラズマCVDで厚さ$4\mu m$堆積する(図3.16(3))。CrとWをスパッタ堆積し(図3.16(4))、平坦になるまで研磨する(図3.12(4))。露出したCr/Wの窓から$SiO_2$をエッチングし(図3.16(6))、厚さ7nmのNiをスパッタ堆積する(図3.16(7))。これを300℃で熱処理してSiの先端以外はNiをSiへ拡散させ、残った先端のNiを触媒としてCNTをプラズマCVDで成長させる(図3.16(8))。このSi先端へのCNTの選択成長の原理と、成長させた写真を図3.17に示してある。このようにして電子源チップと電子引出用ゲートの間に、厚い$SiO_2$膜を持つ電子源を製作することができる。これにより図3.4で説明したような、強電界による$SiO_2$膜の劣化で生じるリーク電流の増加を防ぐことができる。

第3章　並列電子ビーム描画装置用電子源

これに電子を集束させるレンズ電極を形成することもでき、図3.18にはその構造と写真を示してある。

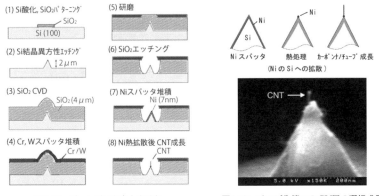

図3.16　ゲート耐圧を向上させたCNT電界放射電子源の製作工程

図3.17　チップ先端へのCNTの選択成長

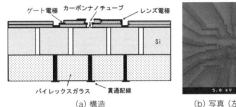
(a) 構造

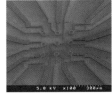
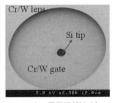
(b) 写真（左：3×3電子源アレイ、右：電子源部拡大）

図3.18　ゲート耐圧を向上させたCNT電界放射電子源（レンズ電極付）

(4) カーボンナノコイル（CNC）電子源を用いた大気中近接電子ビーム露光

薄い絶縁膜を通過した電子ビームを用いて大気中で露光を行う、大気中近接電子ビーム露光の研究を紹介する。図3.19に電子源の原理と、露光の原理を示す。真空の空洞にカーボンナノコイル（CNC）電子源を形成してある [6]。CNCからの電子はアノードのSiに向かって加速され、小さな窓の薄い（厚さ15～50nm）$SiO_2$膜を透過して大気中に放射される。レジストを塗布したウエハを窓に近接して配置することで、透過した電

97

子ビームで露光させることができる。

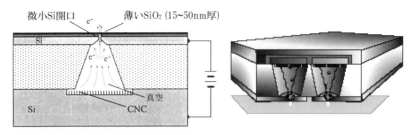

**図3.19** カーボンナノコイル (CNC) 電子源を用いた大気中近接電子ビーム露光の原理

　この製作方法を図3.20で説明する。Siウエハ上のパターニングしたレジストをマスクにしてSiをRIEでエッチングして窪みを作り（図3.20(1)）、そこに酸化インジウムスズ（ITO）（200nm厚）とFe（15nm厚）をリフトオフで堆積する（図3.20(2)）。レジストをパターニングし、SiをDeep RIEでエッチングした後（図3.20(3)）、触媒にあたるFeとITOの部分に後述する装置（図3.21）でCNCを堆積する（図3.20(4)）。Silicon On Insulator（SOI）ウエハ上のパターニングしたSiO$_2$をマスクにして、Siを結晶異方性エッチングしV型を形成する（図3.20(5)）。表面のSiO$_2$膜を除去し、これを上下逆にして、孔の開いたガラスに陽極接合する（図3.20(6)）。SOIウエハの厚いSi（ハンドルウエハ）をエッチングで除去し、SiO$_2$を一部エッチングして薄くする（図3.20(7)）。最後に(4)のウエハの孔に非蒸発型のゲッタを入れ、これをガラスに陽極接合する（図3.20(8)）。

第3章　並列電子ビーム描画装置用電子源

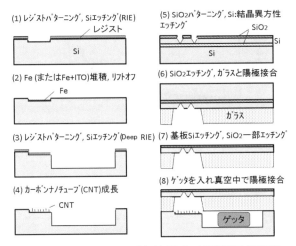

図3.20　CNC電子源を用いた大気中電子ビーム露光装置の製作工程

　図3.21はCNCの堆積装置、およびCNCとそれを拡大した写真である。アセチレン（$C_2H_2$）にArを加えた大気圧のガス中で、700℃でFeとITOの部分にCNCを成長させることができる。

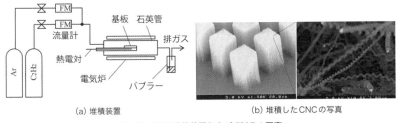

図3.21　CNC堆積装置およびCNCの写真

　CNCは欠陥を含むために、そこから大きな放射電子電流を得ることができ、電圧との関係を図3.22（a）に示す。また図3.22（b）は、透過窓である$SiO_2$膜の厚さと電子の透過率の関係である。図3.23には電子透過窓アレイの写真と露光結果を示す。

99

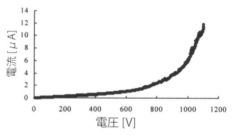

(a) 電圧と電子電流の関係

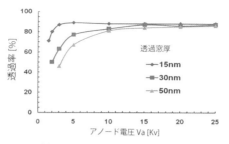

(b) 透過窓のSiO₂膜厚と電子の透過率の関係

図3.22　CNC電子源を用いた大気中近接電子ビーム露光装置の特性

(a) 電子透過窓アレイの写真

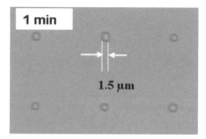

(b) 露光結果

図3.23　電子透過窓アレイの写真と露光結果

## 3.1.2　電界放射熱電子源（ダイヤモンドショットキー電子源）

　表面の電子に対する電位障壁が電界で低くなる、ショットキー効果（Shottky effect）を熱電子放出に用いた電界放射熱電子源（ショットキー電子源）について、3.1の最初で説明した。CNTをWヒータに取り付けたCNT電界放射熱電子源も研究しているが[7]、ここではダイヤモンド電界放射熱電子源（ダイヤモンドショットキー電子源）について説明する。ダイヤモンドは負の電子親和力を持つ、すなわち伝導帯が真空準位より高く、伝導電子が真空中に放出されやすい性質がある。このダイヤモンドを用いた電界放射熱電子源（ショットキー電子源）を開発した[8][9]。図3.24にその製作工程を示している。Siウエハを酸化して酸化膜をパターニングし、結晶異方性エッチングでSiにV型を形成する（図3.24(2)）。図3.11に示したホットフィラメント（HF）CVD装置に$H_2$とメタン（$CH_4$）およびトリメチルボロン（$B(CH_3)_3$）を流して、ボロン添加ダイヤモンド（BDD）を堆積させるが、これではSiの上にだけ選択的に堆積できる（図3.24(3)）。CrとPtを堆積させてパターニングした後（図3.24(4)）、裏面のパターニングした$SiO_2$をマスクにしてSiを結晶異方性エッチングすると、BDDの自己支持構造が得られる（図3.24(5)）。穴開け加工などをしたガラスとSiを陽極接合し（図3.24(6)）、Siをエッチングして図3.24(7)の構造を作る。これのガラスにBDDを形成したSiを陽極接合し（図3.24(8)）、集束電極用のSiをガラスに陽極接合して完成する（図3.24(9)）。図3.25はダイヤモンド部の写真で、上の写真には電子を引き出すゲートの孔が見える。通電加熱し、下の写真の突端から電子を放出させる。

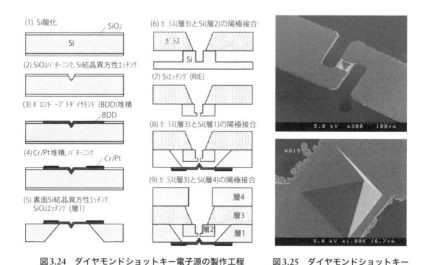

図3.24 ダイヤモンドショットキー電子源の製作工程   図3.25 ダイヤモンドショットキー電子源の写真

　図3.26はこの電子源の特性を測定したもので、(a)は測定系、(b)は電界強度と放射電流の関係をヒータ電圧をパラメータとしてプロットしたもの、(c)はチップーアノード電圧Vt-aの1/2乗に対する放射電流(対数)の関係でショットキープロットと呼ばれるもの、(d)は電子電流の安定性で2%/hの程度の経時変化である。

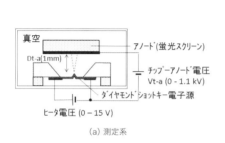

(a) 測定系

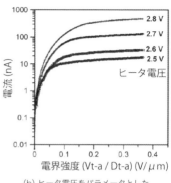

(b) ヒータ電圧をパラメータとした電界と放射電流の関係

第3章　並列電子ビーム描画装置用電子源

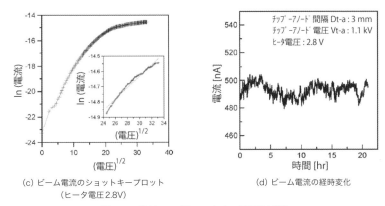

(c) ビーム電流のショットキープロット
(ヒータ電圧2.8V)

(d) ビーム電流の経時変化

図3.26　ダイヤモンドショットキー電子源の特性

### 3.1.3　光制御電子源

図1.11 (a) で説明したマルチ光電子源縮小方式として、⑨裏面からの光で電子放出を制御する面電子源として、光制御電子源が開発された[10]。図3.27 (a) はその構造で、薄いSi膜に突起が作られ、それにpn接合が形成されている。また突起先端にはCNTを成長している。(b)に示す原理で、光で励起された電子はn型Siから真空へ放射される。この光制御電子源を用いた並列電子ビーム描画の例を図3.28に示すが、可動ミラーアレイを用いてそれぞれの電子源に照射される光を制御して並列に描画することができる。

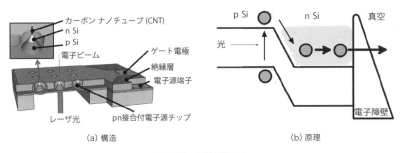

(a) 構造　　　　　　　　　　(b) 原理

図3.27　光制御電子源

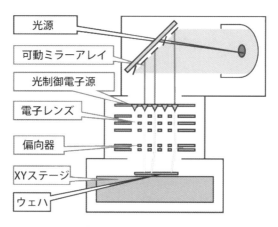

図3.28　光制御電子源を用いた並列電子ビーム描画

　図3.29でその製作方法を説明するが、図3.16の工程にある程度共通している。表面活性層に厚さ$10\mu m$の（100）面p型Siを用いたSOIウエハを使用し（図3.29(1)）、りん拡散を行った後$SiO_2$をパターニングする（図3.29(2)）。この$SiO_2$をマスクにしてSiを結晶異方性エッチングし、突起を形成するが、これによって突起にpn接合ができる（図3.29(3)）。$SiO_2$をプラズマCVDで$4\mu m$の厚さに形成し、CrとWをスパッタ堆積する（図3.29(4)）。表面を研磨し、またWとCrをパターニングし（図3.29(5)）、裏面からSiをDeep RIEし、$SiO_2$をエッチングしてSi突起を露出させる（図3.29(6)）。図3.17において説明した方法で、厚さ5nmのNiを堆積して熱処理することにより、突起の先端だけにNiが残るようにし（図3.29(7)）、これを触媒にしてCNTを成長させる（図3.29(8)）。図3.30にはその写真を示す。

　このCNT付光制御電子源の測定系、およびレーザ強度をパラメータとしたゲート電圧$V_g$と電子電流$I_{em}$の関係を図3.31に示す。光源には波長660nmのダイオードレーザを用いている。

第3章 並列電子ビーム描画装置用電子源

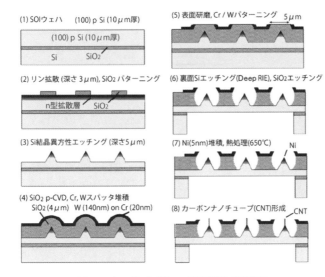

図3.29 カーボンナノチューブ（CNT）付光制御電子源の製作法

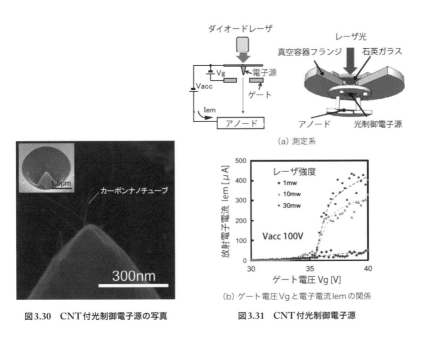

図3.30 CNT付光制御電子源の写真

図3.31 CNT付光制御電子源

## 3.2　ナノクリスタルシリコン（nc-Si）電子源

### 3.2.1　原理

　量子サイズのナノクリスタルSi（nc-Si）は、電気的・光学的・熱的性質がバルク状態とは大きく異なったものとなり、新しいシリコンデバイス技術を生む可能性をもつ[11]。本項で述べる電子放出は、nc-Si層に特有の弾道電子輸送効果に基づく。

　図3.32に示すように、nc-Si電子源は、背面電極、n$^+$シリコン基板、nc-Si層（厚さ：1μm程度）、Au薄膜表面電極（厚さ：10 nm）で構成される。このダイオードの表面に閾値以上の正電圧を印加すると、数eVの高い平均エネルギを持った電子が放出される[12][13][14][15][16]。nc-Si層は、3-5 nmのシリコンドットが薄いトンネル酸化膜（1nm程度）を介して多数連結するチェーン構造でモデル化される。このような量子サイズのnc-Siドット中では①格子振動による電子散乱ポテンシャルが低減される[17]、②伝導帯の電子準位がとびとびの値に離散化し、電子－格子相互作用のエネルギ遷移に対応する終状態が消失する[18]、の二つの効果が生じる。散乱損失割合が実効的に抑制され[17][18]、注入の初期段階で電子はホット化する。また電子エネルギが高くなるほど界面でのトンネル効率が高くなる。これらの相乗効果により、印加電圧下で基板からnc-Si層に注入された電子は、低損失のまま界面に達しスパイク状強電界が存在する酸化膜をトンネルして隣接したドットに注入され、多重トンネルに至る。

　電子エネルギはトンネルを繰り返す度に高くなり、準弾道化ないし弾道化して最終的には表面薄膜電極を通して外部へ放出される。このモデルに基づき、連結したnc-Siドット中の電子伝導過程をモンテカルロ法により計算した結果と、出力側でのエネルギ分布を図3.33に示す[18]。電子の一部が多重トンネルにより弾道化して高いエネルギを得ていくことがわかる。

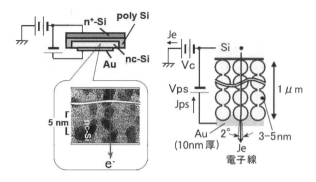

**図3.32** nc-Si弾道電子源の断面模式図とnc-Si層の断面透過電子顕微鏡 (TEM) 像

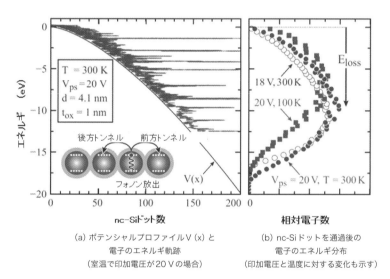

(a) ポテンシャルプロファイルV (x) と
電子のエネルギ軌跡
（室温で印加電圧が20 Vの場合）

(b) nc-Siドットを通過後の
電子のエネルギ分布
（印加電圧と温度に対する変化も示す）

**図3.33** nc-Siドット連結構造中電子伝導のモンテカルロシミュレーション結果
（nc-Siドットの直径：4.1nm、酸化膜厚さ：1nm、ドットの総数：200個）

nc-Si層における電子加速効果に基づく機構は、以下のような実験的事実によっても裏付けられている。

①ナノドットアレイの構造や界面トラップの制御によって電子放出効率が向上する。高効率の電子源ほど、放出電子流のスパイクノイズ

が消え、長期安定性も増す［16］。

② 角度分解高解像度のエネルギ分布解析によると、放出電子はnc-Siドットを走行する指向性の強い成分に加え、$SiO_2$層で散乱を受けた角度分散成分も含む［19］。

③ 電子エネルギ分布は温度に強く依存し、トンネル走行が支配的になる低温では、高エネルギ側にシャープなピークを持つ弾道的な電子放出となる［20］。

④ 基板から剥離したnc-Si自立膜に対するピコ秒短光パルス励起のキャリア飛行時間測定により、ドリフト長の長い弾道走行成分が確認される［21］。

⑤ 同様の弾道放出は、ナノドット層に空隙がないドライプロセスによる試料においても見られる［22］。

### 3.2.2 作製法

　単一電子源作製の基本工程を図3.34に示す。先ず多結晶Si（poly Si）薄膜を堆積した$n^+$Siウエハを洗浄し、HF水溶液中での定電流陽極酸化により、多結晶Si薄膜中にnc-Si層を形成する。次に電界効果を強めることを目的に、$H_2SO_4$などの電解質水溶液中での電気化学的処理、酸素雰囲気中での急速加熱、または高圧水蒸気アニールによる酸化を行う。さらに、残留した水分子を除去するため、超臨界洗浄・乾燥処理を施す。終わりに、表面電極（図3.34では、Tiの上にAuを堆積）とパッドを形成する。

　この基本プロセスは電子源アレイの作製にも適用可能である。poly Si部分を光露光によるマスクパターンプロセスで周期的に開口し、図3.35のようなセルで陽極酸化を行う。陽極酸化で進行するSiの局所溶出反応に必要な正孔を供給して反応を促進するため、光照射を適宜併用する。

第3章 並列電子ビーム描画装置用電子源

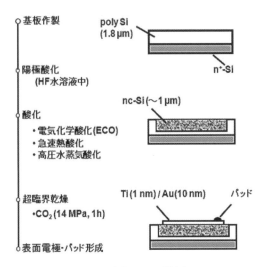

図3.34 単一nc-Si弾道電子源の作製プロセスフロー

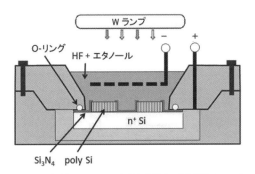

図3.35 電子源アレイのnc-Si層を作製する陽極酸化システム

電子源アレイ（ユニットは$20 \times 20\,\mu\mathrm{m}^2$）の模式断面構造と走査電子顕微鏡（SEM）像を、それぞれ図3.36（a）と（b）に示す。

### 3.2.3　基本特性

単一nc-Si電子源の特性を図3.32の回路で測定した、電流－電圧特性と電子放出電流特性の例を図3.37に示す[23]。印加電圧が表面電極の仕

109

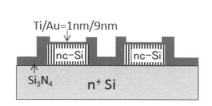
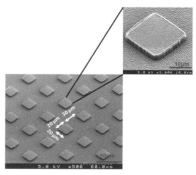

(a) nc-Si電子源アレイの断面模式図　　(b) 作製したアレイ化nc-Si電子源（1ユニットのサイズ：20×20μm²）の走査電子顕微鏡（SEM）像

図3.36　nc-Si電子源アレイ

事関数に対応する閾値を越えると電子放出が始まり、16Vで放出電流は1.3 mA/cm²が得られている。放出電子（エミッション）電流密度$J_e$とダイオード電流密度$J_{PS}$との比$J_e/J_{PS}$で定義される電子の放出効率η（％）は印加電圧とともに増大し、図3.37の例では16 Vで2.1％に達する。

電子放出はnc-Si電子源アレイでも確認された（図3.38（a））［24］。図3.38（b）に示すように、電圧－放出電流特性のFowler-Nordheimプロットは単一電子源の場合と同様の直線性を示し、多重トンネル放出に基づく

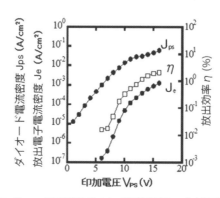

図3.37　単一nc-Si電子源のダイオード電流密度$J_{PS}$、放出電子電流密度$J_e$および放出効率η（$J_e/J_{PS}$）の印加電圧（$V_{PS}$）依存性

モデルを裏付けている。放出効率を向上させるポイントはnc-Siドットの均一配列、ドット間トンネル酸化膜の高品質化、表面電極／nc-Si層ナノ界面での電子損失抑制、の三点である。これら三要素の総合的な制御により、電子源アレイの場合でも単一電子源と同等の高効率が得られる。

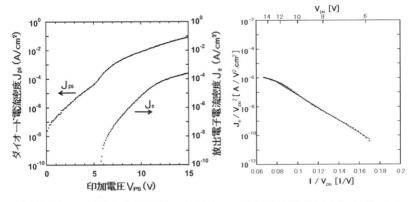

(a) 電子源アレイのダイオード電流密度$J_{PS}$、放出電子電流密度$J_e$の印加電圧($V_{PS}$)依存性

(b) $J_e$-$V_{PS}$曲線から求めたFowler-Nordheimプロット電子放出特性

図3.38 電子源アレイの特性

nc-Si電子源の特徴は、放出電子の高エネルギ性にある。図3.39は、放出電子のエネルギ分布を実測した例である[20]。エネルギ分布は熱平衡のボルツマン分布とは異なって、高エネルギ側にピークをもつ弾道電子特有の形状を示し、印加電圧の増大とともにピークエネルギは高くなり、平均エネルギも増していく。電子の最高エネルギは、印加電圧に相当するエネルギから表面電極の仕事関数を差し引いた値に等しい。すなわち、放出電子には、ほぼ無散乱ですり抜けていく成分が含まれている。低温では熱散乱が抑制されて形状はシャープになり、弾道型の特徴がより顕著になる。エネルギ分布から求められる速度分散の広がりは従来の冷電子源よりも小さい。

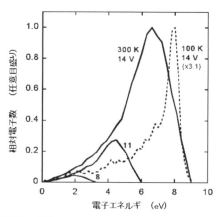

図3.39　単一nc-Si電子源から放出された電子のエネルギ分布の印加電圧依存性（測定温度：室温）
印加電圧14Vについては低温で測定した結果も示す

　これに加え、このnc-Si電子源では電子が指向性よく放出されるため放出角度分布が狭い。エネルギが3eVで放出された電子の角度分布の測定結果を図3.40に示す[25]。nc-Siドット列における弾道的な走行を反映して電子はほぼ表面に垂直に放出され、角度分散は半値幅で±10°に抑えられている。これは熱電子や電界放出など従来の電子源と際立って異なる特性である。この点は、速度分散の狭さと合わせて、ビーム集束に対して有利に働く。

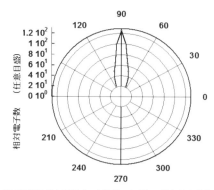

図3.40　単一nc-Si電子源の出力電子（エネルギ：3eV）の放出角度分布（測定温度は室温）

この他、利用上有利な特長として、(a) 低電圧動作、(b) エミッションサイトの面密度が高く実質的には面放出型、(c) 真空度依存性が小さい[26]、(d) 速い応答特性 [22]、(e) 複雑なプロセスが不要、(f) 既存のシリコンプレーナー低温プロセスとの適合性が良い、(g) 大面積のガラス基板上での電子源アレイへの適用が可能[27]、が挙げられる。これらの特長は、アクティブマトリックス駆動による並列露光への応用によく整合する。

熱平衡よりはるかに高いエネルギの電子を放出するnc-Si電子源は、真空だけでなく広範囲の圧力において種々のガス中で動作し、既存の電界放出型電子源では不可能であった大気圧中電子付着による負イオン生成 [28]、Xe分子の内部励起による無放電真空紫外光放出 [29] が確認された。さらに、従来の電子源では考えられなかった利用形態として、nc-Si電子源が溶液に対し高い還元力の電子を供給する活性電極の機能を有し、水素発生やpH制御 [30]、薄膜堆積 [31] [32] に応用できることも明らかとなっている。

### 3.2.4　信頼性

本電子源では、高効率になるほど最小限の印加電圧での動作が可能となるため、効率と安定性が連動する。効率に関係する三要素 (nc-Siドットの配列、トンネル酸化膜、表面電極界面) のうち、大きく影響を及ぼすのはnc-Siドット連結界面のトンネル酸化膜の品質である。そのため、酸化の方法と条件、アニールによる欠陥除去など、ナノ構造に適したプロセス技術を固め、トンネル動作が長期に保たれる酸化膜を形成することが重要である。動作寿命の評価例として、酸化とアニールを適切に組み合わせた図3.37と同様の単一電子源に、一定電圧を印加した連続駆動の下で、電子放出特性の経時変化を測定した結果を図3.41に示す [23]。ダイオード電流は数時間にわたって一定で、放出電流にも電界放出のようなスパイクノイズはなく、放出効率も1%以上を維持している。この安定化処理をアレイ化した電子源構成に適用して作製した7.6インチ平

面カラーディスプレイでは、マトリックス走査モードで良好な動作寿命が確認された[27]。アクティブマトリックス駆動によるマルチビーム露光の動作条件はパルス駆動という点でディスプレイと共通していることから、基本的には露光用途に適う安定性を備えている。

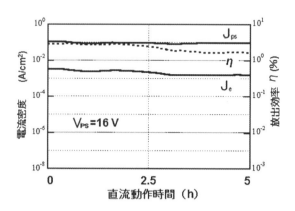

図3.41　単一nc-Si電子源のダイオード電流密度$J_{PS}$と放出電子流密度$J_e$および放出効率$\eta$の動作安定性（図3.37の電子源を印加電圧16V一定で連続駆動）

### 3.2.5　電子放出特性の向上

　電子放出効率をさらに向上する試みの一環として、トンネル酸化膜の質とならんで重要な因子である表面電極の検討を行った。すなわち、nc-Si層にグラフェンの単層膜を転写法により形成し、その上にAu薄膜（厚さ：9nm）を堆積して表面電極とした。この電子源の電子放出特性を図3.42に示す。図中には、比較のため、図3.34と同じ表面電極（Ti/Au）をもつ電子源の特性も示した。グラフェンの導入により、ダイオード電流には大きな変化がない一方で閾値電圧付近の電子放出の立ち上がりが急峻となり、放出電子電流および電子放出効率に約1桁の増大が認められる。またグラフェン表面電極の電子源では、放出電子エネルギ分布の半値幅がTi/Au薄膜電極の場合の約1/2に狭くなった。エネルギ分布のピーク位置は印加電圧の上昇に応じて高エネルギ側にシフトするが、低

減された半値幅は一定に保たれる。このことは、通常の表面電極において見られた挙動（図3.39）に比べて大きな改善点である。

以上の結果から、グラフェン膜がnc-Si層とファンデアワールス力で安定に結合し表面電極として有効に働いてホットエレクトロンのエネルギ散逸が抑えられ、nc-Si層における本来の弾道伝導特性がより高まることが明らかになった。これをふまえて、Au薄膜を用いずグラフェン単層のみを表面電極とした電子源を作製したところ、エネルギ損失がさらに抑制されて電子放出効率は5%以上にまで増大し、エネルギ分布の半値幅も1eV以下に低減した［33］。電子放出の効率、寿命、均一性に優れエネルギ分散が小さい電子源アレイの開発に向けて有力な方策が定まり、超並列電子ビーム露光の解像度に関わる色収差の問題を克服する上でも重要な知見が得られたといえる。

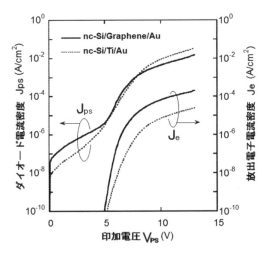

図3.42 グラフェン単層膜／Au薄膜を表面電極としたnc-Si電子源の電子放出特性（実線）、表面電極が図3.34と同じTi／Auの特性も点線で示した

### 3.2.6 まとめ

nc-Si中でのホットエレクトロン発生に基づく電子放出は、ナノドット系に特有の弾道電子輸送に起因するという点で、基礎的に重要な内容をはらんでおり、従来の冷電子源にはない特長を有している。ナノ構造制御によって弾道性が顕在化し、その特長を生かして新たな応用可能性が開かれた。nc-Siドットの配列制御、酸化・アニール、表面電極の材料選択の組み合わせによって、効率と安定性はさらに向上することが期待できる。電子エネルギの高さと可変性、電子放出の高指向性、動作電圧の低さという特質を生かし、アクティブマトリックス駆動の超並列電子ビーム描画への適合性が実証されつつある意義は大きい。

### 参考文献

[1] P. N. Minh, T. Ono, N. Sato, H. Mimura and M. Esashi (Tohoku Univ.); Microelectron field emitter array with focus lenses for multielectron beam lithography based on silicon on insulator wafer, J. Vac. Sci. Technol., B22 (3) (2004) 1273-1276.

[2] P. N. Minh, L. T. T. Tuyen, T. Ono, H. Miyashita, Y. Suzuki, H. Mimura and M. Esashi (Tohoku Univ.); Selective growth of carbon nanotubes on Si microfabricated tips and application for electron field emitters, J. Vac. Sci. Technol. B 21 (4) (2003) 1705-1709.

[3] H. Miyashita, T. Ono, P. N. Minh and M. Esashi (Tohoku Univ.); Selective growth of carbon nanotubes for nano electro mechanical device, Tech. Digest IEEE MEMS'2001, Interlaken (Jan. 2001) 301-304.

[4] P. N. Minh, P. N. Hong, T. M. Cuong, T. Ono and M. Esashi (Tohoku Univ.); Utilization of carbon nanotube and diamond for electron field emission devices, Proceedings MEMS'2004, Maastricht (Jan. 2004) 430-433.

[5] J. Ho, T. Ono, C. –H. Tsai and M. Esashi (Tohoku Univ.); Photolithographic fabrication of gated self-aligned parallel electron beam emitters with a single-stranded carbon nanotube, Nanotechnology, 19 (2008) 365601 (5pp).

[6] W. Cho, T. Ono and M. Esashi (Tohoku Univ.);Proximity electron lithography using permeable electron window, Applied Physics Letters, 91

(2007) 044104.
[7] P. N. Minh, N. T. Hong, N. Q. Minh, P. H. Khoi, Y. Nomura, T. Ono and M. Esashi (Tohoku Univ.) ; Schottky emitters with carbon nanotubes and diamond as electron source, Technical Digest of Transducers 2005, Seoul (June 2005) 267-270.
[8] J. H. Bae, P. N. Minh, T. Ono and M. Esashi (Tohoku Univ.) ; Schottky emitter using boron-doped diamond, J. Vac. Sci. Technol., B22 (3) (2004) 1349-1352.
[9] C. H. Tsai, T. Ono and M. Esashi (Tohoku Univ.) ; Fabrication of diamond Schottky emitter array by using electrophoresis pre-treatment and hot-filament chemical vapor deposition, Diamond and Related Materials, 16 (2007) 1398-1402.
[10] Y. Tanaka, H. Miyashita, M. Esashi, T. Ono (Tohoku Univ.) ; An optically switchable emitter array with carbon nanotubes grown on a Si tip for multielectron beam lithography, Nanotechnology, 24 (2012) 015203 (6pp).
[11] N. Koshida (Tokyo Univ. of Agriculture and Technol.) (ed.), Device applications of silicon nanocrystals and nanostructures, Springer, New York (2008).
[12] N. Koshida, T. Ozaki, X. Sheng, and H. Koyama (Tokyo Univ. of Agriculture and Technol.) : Cold electron emission from electroluminescent porous silicon diodes, Jpn. J. Appl. Phys., 34, part 2, No.6A (1995) L705-707.
[13] N. Koshida, X. Sheng, and T. Komoda (Tokyo Univ. of Agriculture and Technol., Matsushita Electric Works Ltd.) ; Quasiballistic electron emission from porous silicon diodes, Appl. Surf. Sci. 146 (1-4) (1999) 371-376.
[14] T. Komoda, X. Sheng, and N. Koshida (Matsushita Electric Works Ltd., Tokyo Univ. of Agriculture and Technol.) ; Mechanism of efficient and stable surface-emitting cold cathode based on porous polycrystalline silicon films, J. Vac. Sci. Technol. B 17 (3) (1999) 1076-1079.
[15] T. Ichihara, T. Hatai, K. Aizawa, T. Komoda, A. Kojima, and N. Koshida (Matsushita Electric Works Ltd., Tokyo Univ. of Agriculture and Technol.) ; Key role of nanocrystalline feature in porous polycrystalline silicon diodes for efficient ballistic electron emission, J. Vac. Sci. Technol. B 22 (1) (2004) 57-59.

［16］越田信義（東京農工大学）；ナノシリコン電子源の新しい応用展開, 応用物理 78（4）（2009）329-332.

［17］S. Uno, N. Mori, K. Nakazato, N. Koshida, and H. Mizuta（Hitachi Cambridge Labo., Osaka Univ., Nagoya Univ., Tokyo Univ. of Agriculture and Technol., Tokyo Inst. of Technol.）; Theoretical investigation of electron-phonon interaction in one-dimensional silicon quantum dot array interconnected with silicon oxide layers, Phys. Rev. B 72（3）（2005）035337-035347.

［18］N. Mori, H. Minari, S. Uno, H. Mizuta, and N. Koshida（Osaka Univ., Tokyo Univ. of Agriculture and Technol.）; Theory of quasiballistic transport through nanocrystalline silicon dots, Appl. Phys. Lett. 98（2011）062104（3pp）.

［19］D. Sakai, C. Oshima, T. Ohta, and N. Koshida（Waseda Univ., Tokyo Univ. of Agriculture and Technol.）; Specific spectral features in electron emission from nanocrystalline silicon quasi-ballistic cold cathode detected by an angle-resolved high resolusion analyzer, J. Vac. Sci. Technol. B 26（5）（2008）1782-1786.

［20］Y. Nakajima, A. Kojima, and N. Koshida（Tokyo Univ. of Agriculture and Technol.）; Generation of ballistic electrons in nanocrystalline porous silicon layers and its application to a solid-state planar luminescent device, Appl. Phys. Lett. 81（2002）2472-2474.

［21］A. Kojima and N. Koshida（Tokyo Univ. of Agriculture and Technol.）; Ballistic transport mode detected by picosecond time-of-flight measurements for nanocrystalline porous silicon layer, Appl. Phys. Lett. 86（2005）022102（3pp）.

［22］N. Negishi, T. Nakada, K. Sakemura, Y. Okuda, H. Satoh, A. Watanabe, T. Yoshikawa, K. Ogasawara, N. Koshida（Pioneer Corp., Tokyo Univ. of Agriculture and Technol.）; Characterization of an advanced high-efficiency electron emission device, J. Vac. Sci. Technol. B 23（2）（2005）682-686.

［23］T. Ichihara, T. Baba, T. Komoda, and N. Koshida（Matsushita Electric Works Ltd., Tokyo Univ. of Agriculture and Technol.）; Correlation between nanostructure and electron emission characteristics of a ballistic electron surface-emitting device, J. Vac. Sci. Technol. B 22（2004）1372-1376.

［24］N. Ikegami, N. Koshida, A. Kojima, H. Ohyi, T. Yoshida, and M. Esashi

(Tohoku Univ., Tokyo Univ. of Agriculture and Technol., Crestec Corp.）; Active-matrix nanocrystalline Si electron emitter array with a function of electronic aberration correction for massively parallel electron beam direct-write lithography: electron emission and pattern transfer characteristics, J. Vac. Sci. Tech. B 31 (2013) 06F703 (8pp).

[25] N. Koshida, A. Kojima, N. Ikegami, R. Suda, M. Yagi, J. Shirakashi, H. Miyaguchi, M. Muroyama, S. Yoshida, K. Totsu, and M. Esashi (Tokyo Univ. of Agriculture and Technol., Tohoku Univ.）; Development of ballistic hot electron emitter and its applications to parallel processing: Active-matrix massive direct-write lithography in vacuum and thin films deposition in solutions, J. of Micro/Nanolithography, MEMS, and MOEMS 14 (3) (2015) 031215 (7pp).

[26] T. Ohta, A. Kojima, H. Hirakawa, T. Iwamatsu, and N. Koshida (Quantum14 KK, Sharp Corp., Tokyo Univ. of Agriculture and Technol.）; Operation of nanocrystalline silicon ballistic emitter in low vacuum and atmospheric pressures, J. Vac. Sci. Technol. B 23 (6) (2005) 2336-2339.

[27] T. Komoda, T. Ichihara, Y. Honda, T. Hatai, T. Baba, Y. Takegawa, Y. Watabe, K. Aizawa, V. Vezin, and N. Koshida (Matsushita Electric Works Ltd., Tokyo Univ. of Agriculture and Technol.）; Fabrication of a 7.6-in.-diagonal prototype ballistic electron surface-emitting display on a glass substrate, J. Soc. Inform. Disp. 12 (2004) 29-35.

[28] T. Ohta, A. Kojima, and N. Koshida (Tokyo Univ. of Agriculture and Technol.）; Emission characteristics of nanocrystalline porous silicon ballistic cold cathode in atmospheric ambience, J. Vac. Sci. Technol. B 25 (2) (2007) 524-527.

[29] T. Ichihara, T. Hatai, N. Koshida (Panasonic Electric Works Ltd., Tokyo Univ. of Agriculture and Technol.）; Direct excitation of xenon by ballistic electrons emitted from nanocrystalline-silicon planar cathode and vacuum-ultraviolet light emission, J. Soc. Inform. Disp. 18 (3) (2010) 1-5.

[30] N. Koshida, T. Ohta, and B. Gelloz (Tokyo Univ. of Agriculture and Technol.）; Operation of nanosilicon ballistic electron emitter in liquid water and hydrogen generation effect, Appl. Phys. Lett. 90 (16) (2007) 163505 (3pp).

[31] T. Ohta, B. Gelloz, and N. Koshida (Tokyo Univ. of Agriculture and Technol.）;

Characteristics of nanosilicon ballistic cold cathode in aqueous solutions as an active electrode, J. Vac. Sci. Technol. B 26 (2) (2008) 716-719.

［32］ R. Suda, M. Yagi, A. Kojima, N. Mori, J. Shirakashi, and N. Koshida（Osaka Univ., Tokyo Univ. of Agriculture and Technol.）; Reductive deposition of thin Cu films using ballistic hot electrons as a printing beam, J. Electrochem. Soc., 163 (6) (2016) E162-E165.

［33］ 小島明, 池上尚克, 須田隆太郎, 越田信義（東北大学, 東京農工大学）; グラフェン表面電極を有するnc-Si弾道電子エミッタの電子放出特性の研究, 第64回応用物理学会春季学術講演会, 14p-424-14 (2017).

# 第4章　超並列電子ビーム描画（MPEBW）

　本章では3.2で述べたナノクリスタルSi（nc-Si）電子源を、専用LSIで駆動するアクティブマトリックス電子源アレイ（マルチ電子源）として用い、具体的に超並列電子ビーム描画（MPEBW）の装置を試作した成果について述べる。4.1でシステム全体や開発の進め方を述べた後、4.2では電子源アレイについて、また4.3ではアクティブマトリックスとして100×100電子源アレイを駆動する専用LSIについて述べる。これらを用いた超並列電子ビーム描画（MPEBW）装置に関して、4.4で電子源ユニットとその制御システム、4.5で縮小および等倍の描画装置に関して説明する。4.6では17×17の小規模電子源アレイを用いた等倍露光の結果、4.7では最終的な目標としてのマルチ電子源・マルチカラム化のための小形カラムのシミュレーション結果を紹介する。

## 4.1　システム構成

　並列の電子ビームで描画するのに、分割マルチビームの各ビームを、多数の孔をもつアパーチャプレートでブランキングする方法が試みられている[1]。しかし高度に集積化された超LSIの直接描画を実用化するためには、極めて多い数の電子源を配列して並列描画できるシステムが必要とされ、これにはアクティブマトリックスマルチ電子源が理想的である。この発展性のある電子源に挑戦し、これで超並列電子ビーム描画（MPEBW）のプロトタイプを実現することを進めてきた。最終的には図4.1のような超並列電子ビーム描画（MPEBW）をマルチカラムアレイとして実現することを目標としている。高密度な電子源アレイとするには、駆動回路の小形化のために電子源の駆動電圧を低くすることが不可欠であり、これには3.2で説明したnc-Si電子源を使用する。

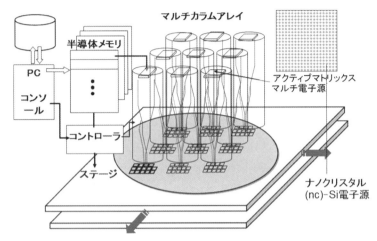

**図4.1　超並列電子ビーム描画（MPEBW）の概念図**

### 4.1.1　開発の進め方

　図4.2は、超並列電子ビーム描画（MPEBW）開発の進め方について、1章で分類した方式や説明する節と関係させて示したものである。

　図4.2の(1)と(2)は、4.2で説明するnc-Si電子源を用いた平面型電子源アレイ、および次世代の電子源としてのピアース型nc-Si電子源アレイである。

　図4.2の(3)と(4)は、4.3で説明する電子源駆動用LSIを用いた100×100アクティブマトリックスマルチ電子源、および4.4と4.5で説明するそれによる縮小方式の描画装置である。

　図4.2の(5)と(6)は、17×17のマルチ電子源を用いた等倍露光実験の結果、および等倍方式の描画装置に関するものである。等倍露光実験の結果については4.6で説明する。

　図4.2の(7)と(8)は本研究が目標とする将来の装置に関するもので、1000×1000アクティブマトリックス電子源、およびそれを用いた本格的な縮小方式の描画装置であり、4.7で議論する。

第4章 超並列電子ビーム描画（MPEBW）

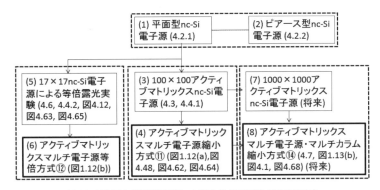

**図4.2 実用的な超並列電子ビーム描画（MPEBW）開発の進め方**

## 4.1.2 電気的収差補正

　マルチ電子ビームの縮小方式では電子光学系の収差が問題になる。これを電気的にアクティブ収差補正する方法について述べる。図4.3はキヤノンなどで以前に開発されていた、マルチ電子ビーム露光システムである。これでは電子源からの電子を拡げて平行にコリメートし、アパーチャアレイを通して複数本の電子ビームにする。これらの電子ビームがコレクションレンズアレイ（CLA）を通過することで、最終的に電子レンズで縮小投影したときに収差を生じないような中間像を形成する[2]。CLAは偏向器アレイやレンズアレイで構成されている。図4.4にはこの目的でキヤノンからの研究員が東北大学で作製したCLAを示す。図4.5はこのCLAによる収差補正の原理である。(a)の左で像面湾曲と歪曲収差について説明する。焦点は平面に結ばれずに湾曲するのが像面湾曲で、また形が歪んで投影されるのが歪曲収差である。(a)の右のような中間像を形成することによって、これらの収差を補正することができる。(b)のように、CLAの偏向器アレイによって電子ビームの横方向の位置を調整し、またレンズアレイによってそれぞれのビームの焦点位置を変えるため、必要な電圧をそれぞれの偏向器や静電レンズに印加する。

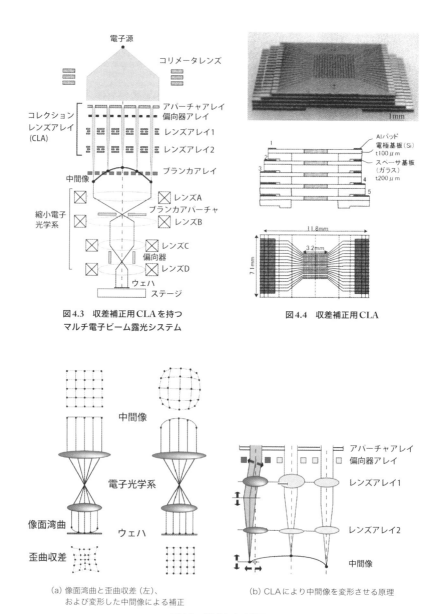

図4.3 収差補正用CLAを持つマルチ電子ビーム露光システム

図4.4 収差補正用CLA

(a) 像面湾曲と歪曲収差 (左)、および変形した中間像による補正

(b) CLAにより中間像を変形させる原理

図4.5 CLAによる補正

第4章 超並列電子ビーム描画（MPEBW）

上と同じような電気的な収差補正をアクティブマトリックス電子源アレイで可能にする方法を図4.6に示す[3]。(a)のように電子源へ同心円状にそれぞれオフセット電圧を印加することによって、像面湾曲補正を行うことができる。オフセット電圧は数十Vと比較的大きく、マルチ電子源やアクティブマトリックス駆動用集積回路は、4.3で説明するように同心円状に絶縁分離する必要がある。一方歪曲収差補正は、(b)のように電子レンズへ電圧を印加し、焦点距離を変えることによって行う。

図4.7にはこの収差補正のシミュレーション例を示す[4]。(a)は像面湾曲の例であるが、電子源へオフセット電圧を印加することによって、(b)のように像面湾曲が補正されて平面上に焦点を結ばせることができる。この例では歪曲収差が生じているが、上で述べたように電子レンズに電圧を印加してこの補正を行うことができる。

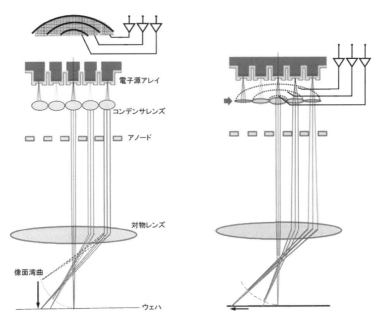

(a) 電子源へのオフセット電圧印加による像面湾曲補正　(b) 電子レンズへの電圧印加による歪曲収差補正

**図4.6　電子源アレイによる並列電子ビーム描画における電気的収差補正**

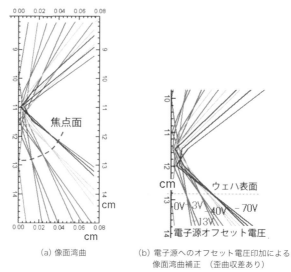

(a) 像面湾曲　　　(b) 電子源へのオフセット電圧印加による
　　　　　　　　　　像面湾曲補正　（歪曲収差あり）

図4.7　補正のシミュレーション

## 4.2　電子源アレイ

　超並列電子ビーム描画装置に用いる電子源アレイは、二種類の構造を開発した。一つは4.2.1で説明する平面型である［5］［6］［7］。平面型の電子源アレイに関しては、電子源駆動LSIとの接続を考慮した構造、電子放出特性および等倍露光特性、製造プロセスに関する課題など、これまで得られた研究成果について述べる［8］［9］。

　4.2.2で説明する二つ目は、電子放出面を湾曲形状に加工して放出電子を絞り込むピアース型である。両構造とも、電子源アレイから放出された電子ビームは、平面型ではコンデンサレンズアレイによって、またピアース型では引き出し電極によって並行ビームとなり、アノードアパーチャアレイに向かって加速される。

## 4.2.1 平面型電子源アレイ

### (1) 構造

平面型電子源アレイを開発した[5][6][7]。図4.8にその構造を示す。また図4.9には、初期試作した平面型電子源アレイの走査電子顕微鏡(SEM)写真を示す。個々の電子源の電子ビーム放出エリアは$12×12\mu m^2$で、$50\mu m$ピッチで$200×200$個のアレイが配置されている。LSIと接続して使用するときは、1つ置きにして$100\mu m$ピッチにして用いる。電子ビーム放出部のTi/Au表面電極直下に形成されたナノクリスタルSi(nc-Si)層が電圧印加時に電子のドリフト層として機能し、電子は薄い表面電極を通過し弾道電子として放出される[10]。アレイ全面に形成する表面電極のステップカバレッジ改善のため、電子源部はテーパー状に加工されている。

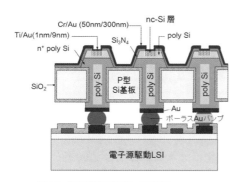

図4.8 平面型電子源アレイの構造

図4.9 初期試作の平面型電子源アレイのSEM写真

詳細は(4)で述べるが、製造工程はstage 1から3の段階で構成されている。先ずSi貫通配線(Through Silicon Via (TSV))をSi基板上に形成した後(stage 1)、表面側には個々のTSVと電気的に接続されたnc-Si電子源アレイを、裏面側には電子源駆動用バックコンタクト電極(Cr/Pt/Au)を形成する(stage 2)。その後、電子源駆動LSIのパッド電極上に形成したポーラスAuバンプとAu-Au接合し、最後にTi/Au表面電極を形

成する（stage 3）。

　Stage 2で行うnc-Si電子源アレイは、3.2で述べた手法により、タングステンランプ照射の下HFとエタノールの混合溶液中で陽極酸化して作製する。この工程は、対向白金(Pt)電極に対してstage 1であらかじめ形成しておいたTSVプラグ裏面から、パルス変調された定電流を流すことにより行う。これにより、個々に絶縁分離されたpoly Si表面がそれぞれ陽極酸化され、ポーラス構造のnc-Si層が形成される。その後、電気化学的酸化（Electrochemical Oxidation（ECO））により、nc-Si粒子の周りを覆うトンネル酸化膜を形成する。

　TSVの導電性埋め込み材料の選択は、陽極酸化プロセスが上述のようにHF溶液中での電気化学反応を伴う過酷なプロセスであること、またその後の層間絶縁膜形成時のプロセス温度に対して影響されない材料であることを考慮する必要がある。一般的に用いられている銅（Cu）などの金属材料は低抵抗であるが、陽極酸化中にＨＦ溶液やその蒸気に触れると腐食する。特にCuは、その後の成膜プロセス中の熱によってバルク中に拡散し、トンネル酸化膜の汚染や耐圧減少、リーク電流の増加を引き起こし、電子放出特性を劣化させる原因となる。一方、減圧化学気相堆積（Low Pressure Chemical Vapor Deposition（LP CVD））によるpoly Siは、十分なHF耐性があり、優れたステップカバレッジを有している。またpoly Siでプラグを形成するプロセス温度は1100℃と高温なため、その後の絶縁膜の成膜温度条件は、金属材料を用いた場合に比較して、より高い温度に設定できる。例えばステップカバレッジが良好で緻密な膜質が得られるLP CVDによる$Si_3N_4$膜（成膜温度700℃）が使用できる。これらの観点から、LP CVDによるpoly SiをTSV埋め込みプラグ用材料として用いている。図4.10に、上記初期試作の平面型電子源アレイの断面SEM像を示す。アクティブマトリックス駆動LSIの駆動電極のピッチサイズと整合させるため、電子源アレイ裏面の接合電極は100μmピッチで加工されている。アスペクト比10を超えるビアホール内が、LP CVD poly Siによって埋め込まれていることがわかる。

poly Siプラグの抵抗を下げるため、図4.8及び図4.10に示したように、ビア側壁部は高濃度の燐(P)を拡散したLP CVD poly Si(n⁺ poly Si)膜で覆い、その後ノンドープのLP CVD poly Siでビアホール全体を埋め込む。一つのTSVの抵抗値は、その後の高温プロセスでPの再拡散に起因する低濃度化が生じなければ、計算上100 Ω程度となる[11]。この値は報告されている金属プラグに比較して2-3桁高い値である。しかしながら、例えば通常用いられる15 Vで電子源アレイを駆動した場合、Si-金属のショットキーダイオードとしてnc-Siの表面電極から流れるダイオード電流は十数nA程度となる。この時のTSVプラグ部の抵抗による電圧降下は、数μVのオーダーであり、電子源駆動電圧に対しては十分小さい。

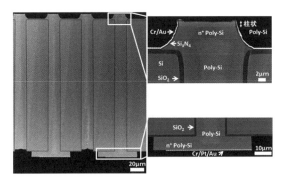

図4.10　初期試作した平面型電子源アレイの断面SEM像

(2) 電子放出特性

初期試作した図4.9および図4.10に示す平面型電子源アレイの、電子放出特性を調べるため、前述のstage 2の途中まで工程を進めた後、Ti/Au(1nm/9nm)表面電極を形成したテストサンプルを作製した。作製したテストサンプルの構造を、電子放出特性測定回路の概略図と合わせて図4.11に示す[7]。表面側には個々のTSVと電気的に接続されたnc-Si電子源アレイが形成され、裏面側は全てのTSVが共通のn⁺ poly Siで電気的に接続されている。

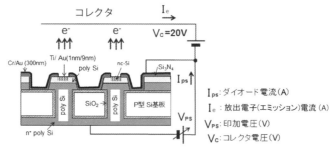

図4.11　電子放出特性測定用テストサンプルの構造と測定回路の概略図

　Ti/Auの表面電極に流れるダイオード電流Ipsから求まる電流密度Jps、および放出電子（エミッション）電流Ieから求まる電流密度Jeは、3.2.3の図3.38（a）に示した単一nc-Si電子源のものと同様であった。図3.38（a）のVps-Je特性を見るとAuの仕事関数（約5eV）を超える6 V付近から電子放出が開始され15 Vでは0.3 mA/cm²に達している。この結果は裏面n⁺ poly Si電極からTSVプラグを介して電子がnc-Si層に注入され、表面に向かってドリフトしAu表面電極を通り越して電子が放出されたことを示している。しかしJe/Jps比（エミッション効率）が1％以下と低いことから、nc-Si内を電子が輸送される過程でエネルギを損失していると考えられる［12］。また上記電子源アレイでVpsを変化させた場合の放出電子のエネルギ分布も、図3.39に示した単一nc-Si電子源のものと同様、ピークから低エネルギ側に広がりをもつエネルギ損失を伴ったエネルギ分布を示していた［7］。

（3）等倍露光
　初期試作した電子源アレイによる露光特性を評価するため、図4.9に示した電子源アレイのドットアレイパターンを電子ビームレジスト上に転写した［7］［13］。図4.12に等倍露光実験のためのテストベンチの概略図を示す。なお等倍露光の原理については2.2.3（2）で説明した。電子源アレイ表面のTi/Au電極に対し、裏面n⁺ poly Si電極に－14 Vのパルス

第 4 章　超並列電子ビーム描画（MPEBW）

電圧（パルス幅250ms/pulse、デューティ比25 %）を印加して電子放出を行った。ステージ上の電極に印加した電圧により、放出電子は5.6keVで加速され、電子源アレイから3 mm離れた電極に設置したSi基板上の電子ビームレジストに照射される。レジストはSi基板上に厚さ50nmでスピンコートした日本ゼオン社製ポジ型電子ビームレジストZEP520を用い、適正ドーズ量になるように$30\mu C/cm^2$で露光を行った。放出電子の広がりを抑制するため、上下に設置した永久磁石により0.56 Tの磁界を電界と並行に加え、電子が磁力線に沿ってらせん運動し、レジスト上に焦点を結ぶよう調整した。

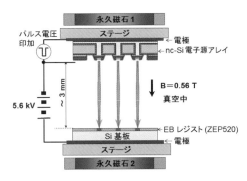

図4.12　初期試作した電子源アレイによる等倍露光実験のためのテストベンチ

図4.13（a）に$12\times 12\mu m^2$の電子ビーム放出エリアを持つ電子源アレイの形状と、それで等倍露光されたレジストパターンの光学顕微鏡写真を示す。両者を比較すると、電子ビーム放出部コーナーのラウンド形状を含めて正確にパターンが転写されていることがわかる。図4.13（b）に5×5の小規模電子源アレイによる等倍露光結果の光学顕微鏡写真を示す。正方形のアレイパターンがレジスト上に再現されていることがわかるが、各電子源からの放出電子の電流密度が不均一なため、露光パターンにばらつきが見られ、今後に課題を残す。各電子源から放出される電子電流密度のばらつきを抑えるための、デバイス作製プロセスの改良については（5）で説明する。

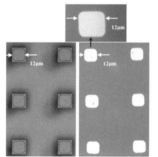
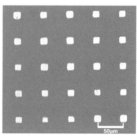

(a) 電子源アレイと対応する露光パターンの比較（レジスト 50nm厚 ZEP520、ドーズ 30μC/cm²）　(b) 5×5電子源アレイからの放出電子による露光パターン

**図4.13　等倍露光パターン**

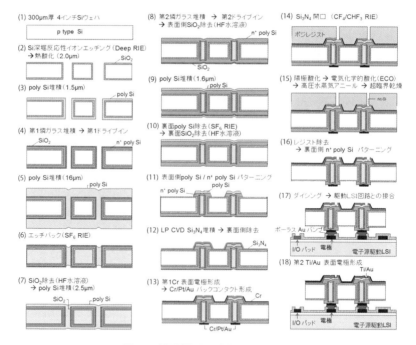

**図4.14　平面型電子源の製作プロセスフロー**

## (4) 製作プロセス

平面型電子源の製作プロセスフローを図4.14に示す。nc-Si電子源の形成に関しては、その後の工程で電子放出部がダメージを受け、特性が劣化することがないように、できるだけ終りに近い工程15で行っている。この現行プロセスは、図4.9および図4.10に示した初期試作のものに、いくつかの改良を加えている[11][14][15]。

以下、図4.14に示したプロセスフローについて、工程段階（Stage1–3）ごとに詳細を述べる。

### ＜Stage 1：TSV形成（工程1～工程8）＞

300μm厚の4 inch Siウエハ（p型）上に深堀反応性イオンエッチング（Deep Reactive Ion Etching（Deep RIE））で直径25μmの貫通孔を開口した後、2μm厚の熱酸化膜（$SiO_2$）を全面成長させる（工程2）。次いで1.5μm厚のpoly SiをLP CVDで堆積後（工程3）、$N_2$バブラーによって供給された$POCl_3$と$O_2$をソースガスとして900℃、大気圧にて第1燐ガラスを生成し、1100℃の$O_2$雰囲気にて第1ドライブインを行い$n^+$ poly Si層を形成する（工程4）。この時、燐ガラスを含む$SiO_2$膜が、貫通孔内部の側壁部を含め$n^+$ poly Si層表面に形成される。次に第1ドライブインで形成された$SiO_2$層を残したまま16μm厚のpoly Si膜をLP CVDで堆積し（工程5）、$SF_6$ガスを用いたRIEによってウエハ両面のエッチバックを行い、貫通孔内にpoly Siを埋め込む（工程6）。この$SF_6$ RIE工程で、表面の$SiO_2$はエッチングのストッパ層として機能する。次いで薄いHF水溶液により表面及び裏面の$SiO_2$層を除去する。この時、プラグ内部にある$n^+$ poly Si表面の$SiO_2$層は除去されずに残った状態にある。その後、2.5μm厚のpoly SiをLP CVD法で堆積する（工程7）。次に、950℃にて第2燐ガラスを生成し、$O_2$雰囲気のもと1100℃、120分にて第2ドライブインを行い、プラグ上下に$n^+$ poly Si層を形成する（工程8）。その後裏面側をフォトレジストで保護し、薄いHF水溶液中で、第2ドライブインで形成された$SiO_2$膜を表面側のみ除去する。

モニタリングウエハ上にLP CVDで堆積したpoly Siに対して、工程4と同じ処理を行った後、薄いHF水溶液により表面のSiO$_2$層を除去し、広がり抵抗（Spreading Resistance（SR））測定法によりP濃度（cm$^{-3}$）と抵抗率（Ω cm）の深さ方向分布を算出した結果を図4.15に示す。P濃度と抵抗率は、2.5μmの深さまで濃度低下や抵抗率の上昇がなく、それぞれ約5×10$^{19}$ cm$^{-3}$及び3×10$^{-3}$ Ω cmにてほぼ一定の値を示しており、このことから、上記の膜厚1.5μmのpoly Siの厚さ全体にPが拡散されていることがわかる。

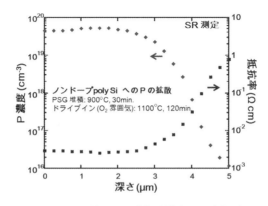

図4.15　SR測定によるP濃度と抵抗率の深さ方向分布

工程1～8にて作製したTSVプラグの抵抗値を四短針法により測定するため、抵抗モニタリング用のテストサンプルを作製した。その断面及び平面概略図を図4.16に示す。このサンプルは、工程8で第2ドライブイン終了後に、薄いHF水溶液により表面及び裏面のSiO$_2$を除去した後、表面側のn$^+$ poly Siを、600μmピッチで17×17のアレイ状パッド電極に加工することにより作製した。一つの電極のサイズは300×300μm$^2$で、各電極に対して3×3のTSVプラグが電気的に接続されている。一方、裏面側では全てのTSVプラグは共通のn$^+$ poly Si層と電気的に接続されている。隣接する二つの電極間の抵抗（Raj）は、裏面側で隣接電極間を

n⁺ poly Si で接続する抵抗（Rpoly）と、一つの電極に並列接続されている 3×3 個のTSV プラグの抵抗から構成される。Rpoly は6個分離れた2つの電極間の抵抗（R6dist）を測定することにより、Rpoly =（R6dist −Raj）/ 5 の計算により見積もった。TSV1個当たりの抵抗（Rtsv）は、Rtsv =（Raj − Rpoly）×9/2 の計算から見積もることができ、150Ω となった。4.2.1（1）の最後で述べたように、このTSVの抵抗は実用上十分に小さい値である。この値から見積もられる 1.5μm厚の n⁺ poly Si の抵抗率は計算上 4×10⁻³ Ω cm となる。この値は図4.15に示したモニタウエハ上での SR 測定で得られた抵抗率（3×10⁻³ Ω cm）に近い値である。

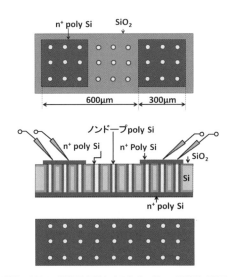

図4.16　四短針法でTSVの抵抗値を測定するためのサンプル構造（上面、断面、下面）

＜Stage 2：nc-Si電子源アレイ及び、電子源駆動用バックコンタクト電極の形成（工程9〜工程16）＞

　Stage 2では、先ず1.6μm厚のpoly Siを堆積する（工程9）。その後、裏面側のpoly SiをSF₆ RIEで除去する。その際、工程8で裏面側に残したSiO₂層をエッチストップ層として利用するが、RIE後にこれをHF水溶

液で除去する(工程10)。次に表面側のpoly Siと下層のn⁺ poly Siを、順テーパーのドットアレイ形状にSF₆ RIEによりパターニングし、電子源を形成する(工程11)。次いで、ドットアレイ部を除く全面に100nm厚の第1Cr表面電極を形成する(工程13)。この電極は、後の工程17で電子放出部表面に形成する薄膜の第2 Ti/Au電極と電気的に接続するためのものである。その後、電子源駆動LSIと接合するための裏面Cr/Pt/Au電極を形成する(工程13)。次に、電子放出部形成のためのSi₃N₄膜を、ポジレジストマスクとCF₄/CHF₃ RIEにより開口を行う(工程14)。エッチバックプロセス(工程6)によりビア中央部に形成された埋め込みpoly Siの凹部を避け、平坦な電子放出面を得るため中央から一定距離を離した個所に開口する。次いでポジレジストマスクをそのまま残した状態で、裏面Cr/Pt/Auバックコンタクトを介して、n⁺ poly Siからパルス変調された定電流を印加しながら、HFとエタノールの混合溶液中で陽極酸化することで、Si₃N₄開口部から露出したpoly Siを選択的にナノポーラス化する(工程15)。このポジレジストマスクは、陽極酸化中のHFがSi₃N₄膜を浸食するのを防ぐための保護用マスクとして用いている[16][17]。続けてエチレングリコールと硝酸カリウムの混合溶液中で電気化学的酸化(ECO)することで、nc-Si粒子の周りにトンネル酸化膜を形成する。その後、界面の欠陥密度低減のため高圧水蒸気アニール(High-Pressure Water Vapor Annealing (HWA))と超臨界乾燥(Supercritical Rinsing and Drying (SCRD))を行う(工程15)[16]。次いで表面のポジレジストを除去した後、裏面のn⁺ poly Siをパターニングする(工程16)。

　現行の電子源形状は、図4.9のSEM像に示した正方形から円形に変更している。これは、正方形の電子源エッジでのストレスが駆動時の電流リークに繋がるリスクを低減する目的で、ストレスを緩和するためである[12]。その後Si₃N₄膜をLP CVDで堆積し、裏面側はCF₄/CHF₃ RIEにより除去する(工程12)。図4.17に、Stage2終了後のnc-Si電子源アレイ表面のSEM像を示す。なお、ここではStage3でのLSIチップとの接合前の段階で、電子放出特性を評価するため、表面には工程18で形成

第4章　超並列電子ビーム描画（MPEBW）

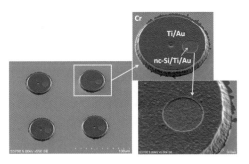

図4.17　nc-Si電子源アレイのSEM像（現行プロセス）

する第2 Ti/Au表面電極が形成されている。

現行プロセスの工程13では、長時間駆動時のジュール熱により表面電極が溶融するリスクを避けるため、初期試作で用いていたCr/Au電極（図4.8および 図4.10参照）からCr電極へ変更している。

＜Stage3：電子源アレイとLSIチップとの接合（工程17～工程18）＞

工程16の終了後、ダイシングを行い12.5mm角のチップサイズに切り出した後、電子源駆動LSIチップの駆動電極上に形成したポーラスAuバンプに、電子源アレイチップ裏面のCr/Pt/Au電極をAu-Au接合する（工程17）[17]。両チップの接合面にArプラズマを照射することにより表面活性化した後、150-200℃、50分、175MPaの加圧条件で、この接合を行う。電子源表面に対するプロセスダメージをできるだけ低減するため、接合温度としては比較的低温の150-200℃で接合している。接合面と反対側の電子源表面側は石英製の支持筐体上に固定されるため、接合時には同じ押圧を支持体から受けることになる。しかしながらこの圧力は、支持体と直接接触する最表面の$Si_3N_4$膜上にかかり、そこから$Si_3N_4$膜の膜厚（300nm）分離れたnc-Si電子放出面と接触することはない。このため、接合時のnc-Si表面の物理的なダメージは構造上回避されている。工程17の電子源駆動LSIチップとの接合後は、周辺配線部を除くアレイ部全面に第2 Ti/Au（1nm/9nm）表面電極をスパッタ法により形

成し、第1Cr表面電極と接続する（工程18）。この薄膜のTi/Au表面電極形成後に200℃以上の加熱を行うと、Auが表面でアイランド状になり、電子放出が起きなくなる事が報告されている［18］。このため第2表面電極の形成は、加熱を伴う接合プロセスの後の最終工程で行っている。

　接合状態を評価した結果を図4.18に示す。600μmピッチで17×17配列した300μm角の薄膜Cr/Pt/Au電極の上に、直径50μmのポーラスAuバンプを形成した、低温焼成セラミックス（Low Temperature Co-fired Ceramics（LTCC）、ニッコー㈱）基板を準備した。このLTCC基板は、電子源アレイのアクテイブマトリックス駆動を、小規模アレイで動作確認する目的で作製したものである。電子源アレイ裏面のCr/Pt/Au電極を同一の600μmピッチで300μm角に加工し、LTCC基板上のポーラスAuバンプと上記の条件（150-200℃、50分、175MPa）で接合し、両者を強制剥離した。その接合面をSEM観察した結果を図4.18に示す。この右上の図（電子源側接合部）を見ると、強制剥離時にLTCC側のポーラスAuバンプが下地のセラミックス基板とともに剥ぎ取られて電子源側電極上に付着した痕跡が見られる（写真左側）。また、電子源裏面のCr/Pt/Au電極とともに下層のn$^+$ poly Si層までもが剥ぎ取られた痕跡が見られる（写真右側）。一方、右下図（LTCC側接合部）を見ると、電子源側でCr/Pt/Au電極とともに剥ぎ取られたn$^+$ poly Siが、LTCC側のポーラスAuバンプ上に転写された痕跡（写真右側）や、LTCC内部のセラミックスがポーラスAuバンプごと剥ぎ取られた痕跡（写真左側）が見られる。また、電極上に残されたポーラスAuバンプの痕跡を見ると、バンプが十分に潰されている事がわかる（写真左側）。これらのことから、十分な接合強度でポーラスAuバンプとのAu-Au接合がなされていると考えられる。

(5) 電子源アレイから放出される電子電流密度の均一化
＜製造プロセスの改良＞
　図4.13（b）に見られる露光パターンのばらつきは、電子源アレイ内の

第4章 超並列電子ビーム描画（MPEBW）

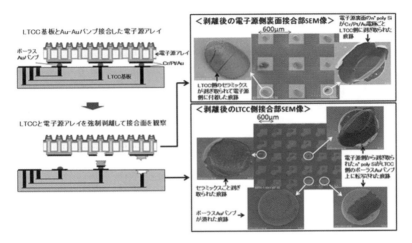

図4.18　17×17個のアレイ状ポーラスAuバンプをCr/Pt/Au電極上に形成したLTCC基板に、Cr/Pt/Au接合電極を裏面に形成した電子源アレイをAu-Auバンプ接合した後、接合強度を評価するため両者を剥離した時の断面構造と、剥離後に接合面をSEM観察した結果

各電子源から放出される電子ビームの電流密度が均一ではないことを示している。この要因として、nc-Si電子源アレイ内で、密度や粒径あるいはトンネル酸化膜厚など、構造上のばらつきがあることが考えられる。図4.14の工程15の陽極酸化及びECOのプロセスは、サンプル表面側で個々に絶縁分離されたpoly Siに対して、それぞれに対応するTSVプラグを介して並列に定電流を流す事によって行われる。このため、アレイ内で局所的に電流が流れやすい電子源部があると、他の電子源部へ供給される電流が減り、結果としてアレイ内でのnc-Siの構造にばらつきが生ずる。

　この課題を解決する方法として、電子源部を絶縁分離加工する前の段階で、陽極酸化及びECOのプロセスをあらかじめ行っておくプロセスを開発した。図4.19に、そのプロセスを説明するためのフロー図を示す。図4.14に示した工程10までは同一プロセスであるため、簡略化のため工程11以降から、電子源駆動LSIチップとの接合前までのプロセスのみを示している。

139

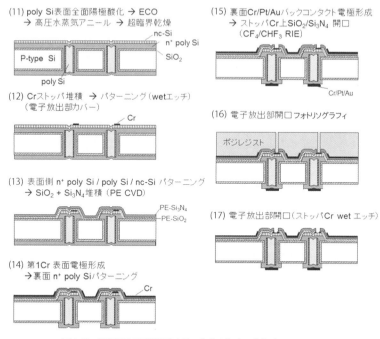

**図4.19** 放出電子の電流密度を均一化するための改良プロセスフロー
(図4.14の工程10以降のStage2のプロセスのみ記載)

　全てのTSVと共通に接続されている裏面側のn⁺ poly Siから、同じく全てのTSVと共通に接続されている表面側のn⁺ poly Siを介して、最上層のpoly Siにパルス電流を印加しながら陽極酸化を行うことにより、poly Si全面をナノポーラス化する（工程11）。図4.14の工程15の場合と異なり、最上層のpoly Si及びその下層のn⁺ poly Siは個々の電子源に分離加工されていないため、全面にわたって均一なnc-Si構造を作製することができる。その後、高圧水蒸気アニール、超臨界乾燥を行う（工程11）。

　電子源部を絶縁分離加工する前の段階で、nc-Si電子源から放出される電子電流密度が面内でどのくらい均一であるかを評価するため、工程11の構造体表面に、直径10μmのポジレジスト開口パターンをアレイ

第4章　超並列電子ビーム描画（MPEBW）

状に形成し、全面にTi/Au（1nm/9nm）表面電極を形成したテスト用電子源サンプルを作製した。そのサンプルの構造を図4.20（a）に示す。また、図4.12のテストベンチを用いて上記電子源サンプルを駆動し、対向する50nm厚の電子ビームレジストZEP520上への放出電子による等倍露光を行った。露光は印加パルス電圧$-14$ Vで、適正ドーズ量（30 $\mu$C/cm$^2$）に至る実効的な露光時間で行った。図4.20（b）に、転写されレジストパターンの光学顕微鏡写真を示す。これでは直径10 $\mu$mのアレイ状開口パターンが、全面に形成されており、電子源間を絶縁分離加工する前の工程11の段階では、均一なnc-Si構造になっていると考えられる。

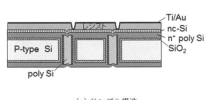 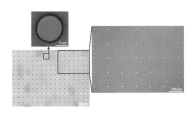

（a）サンプル構造　　　　　　　（b）（a）を用いた等倍露光後のレジストパターンの光学顕微鏡写真

図4.20　nc-Si電子源部を絶縁分離する前の段階（工程11）での放出電子電流密度の面内均一性評価

　工程11の後、厚さ100 nmのCrをスパッタ法で全面に堆積し、電子放出部をカバーするための直径20 $\mu$mのレジストパターンを形成後、硫酸第二セリウムアンモニウムと、過塩素酸の水溶液を主成分とするCrエッチャントでウェットエッチングを行う（工程12）。このCrは後の工程15で電子放出部をドライエッチングで開口する際のエッチングストッパとして用いるだけでなく、nc-Si表面がその後、大気中やさまざまなプロセス雰囲気に晒されてダメージを受けたり変質したりしないよう保護するためのものである。Crは表面電極の密着層としても用いられる材料であり、nc-Siとは相性が良い。しかしながら一方で、金属膜の導入により、その後に炉を用いた高温のLP CVDプロセスは導入できなくなる。次にn$^+$ poly Si/poly Si/nc-Siの積層構造をSF$_6$ RIEにより、ドットアレイ状に

パターニングして電子源部を形成した後、SiO$_2$とSi$_3$N$_4$の積層膜をプラズマCVD法によりそれぞれ300℃及び350℃で堆積する（工程13）。ここではSiO$_2$/Si$_3$N$_4$の積層膜構造にすることで、被覆性を上げている。これは、プラズマCVD膜の被覆性がLP CVD膜に比較して劣るためである。電子源側壁部が十分に被覆されていないと、側壁部のn$^+$ poly Siが露出し、後工程で形成する表面電極とショートする危険性がある。

　その後、ドットアレイ部を除く全面に100 nm厚の第1Cr表面電極を形成し、裏面側のn$^+$ poly Siをパターニングする（工程14）。次いで、電子源駆動LSIと接合するためのCr/Pt/Au電極を裏面側に形成した後、表面側には、SiO$_2$/Si$_3$N$_4$積層膜に直径16$\mu$mの開口パターンをCF$_4$/CHF$_3$ RIEを用いて形成する（工程15）。次いでフォトリソグラフィにより直径10$\mu$mのレジスト開口パターンを、工程15で露出した直径16$\mu$mのストッパCr上に形成し（工程16）、前記Crエッチャントにより電子放出部を開口する（工程17）。ここで工程16のフォトリソグラフィ工程を途中に導入した理由は、工程15の積層膜の開口後にCrウェットエッチングを行った場合、開口周辺部において横方向へのCrのサイドエッチが発生し、その後のTi/Au表面電極形成時にその部分で断線してしまうためである。このためSiO$_2$/Si$_3$N$_4$積層膜の開口（16$\mu$m径）よりも内側（10$\mu$m径）にレジスト開口パターンを形成している。

＜改良プロセスの課題と解決のための検証実験＞
　nc-Si電子源の作製後に行う種々のプロセスによってnc-Si表面がダメージを受け、電子放出特性が劣化することがないように、図4.14に示した現行プロセスフローでは、nc-Siの作製をできるだけ最終工程に近いところで行っている。一方、図4.19に示した改良プロセスにおいては、Stage2の早い段階でnc-Siを形成するため、その後のプロセスによって、nc-Si表面がダメージを受けないようにプロセスを構築する必要がある。そのため、以下の項目の確認実験を行い、実デバイスへの適用可能性を検証した。

第4章　超並列電子ビーム描画（MPEBW）

① 電子源アレイのラウンド加工プロセス（工程13）

　工程13においては、$n^+$ poly Si/poly Si/nc-Siの積層膜構造を、エッジ部がラウンド形状になるように加工するプロセス開発が要求される。このプロセスを困難にしている要因の一つは、nc-Si層が、ポーラスSiとトンネル酸化膜である$SiO_2$で構成されていることにある。$SiO_2$のRIEに一般に用いられるカーボン（C）を含むフルオロカーボンガスを使ったエッチングでは、Siに対して高選択比（$SiO_2$のエッチング速度に対してSiのそれが遅い）であるため、Siと$SiO_2$が混在するnc-Siを均一性良く加工することは困難である。一方、カーボン（C）を含まないハロゲン系の$SF_6$ RIEは、高いイオン衝撃場（高バイアス条件下）でnc-Si中の$SiO_2$をエッチングできるが、プラズマ中に存在するFラジカルがnc-Si層の下にある$n^+$ poly Si/poly Siをエッチングする。このため図4.21（a）の左に示すように、下層の$n^+$ poly Si/poly Si部にサイドエッチが入った形状になる。この図は2枚のマスク（マスク1、マスク2）を用い、マスク1によるレジストパターンをマスクとして$SF_6$ RIEにてエッチング加工した後、その上にマスク2のレジストパターンを形成した時の光学顕微鏡写真と、サイドエッチ部付近の断面SEM像である。形状改善のため図4.21（a）の右に示すように、マスク1で形成されたサイドエッチ部を、マスク2の加工で剃り落すようにした。図は、マスク2のレジストマスクを用いて、$SF_6$ RIEによりエッジ部をラウンド形状に加工した時の光学顕微鏡写真と断面SEM像である。マスク1のエッジから6μm内側にマスク2のパターンを形成している。本プロセスによりエッジ部で良好なラウンド形状が得られていることが判る。その後の工程13および工程14での層間絶縁膜形成および表面電極形成後に、電気測定による評価を行った結果、電子源側壁部での表面電極と$n^+$ poly Siとのショートは見られないことが確認された。図4.21（b）に本プロセスを用いて作製した、nc-Si電子源アレイ表面の光学顕微鏡写真を示す。ストッパCr上に、nc-Si電子放出部が露出しているのが確認できる。

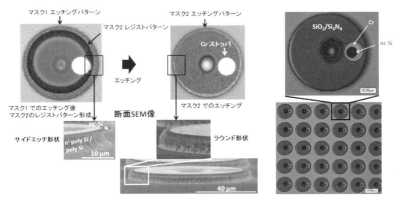

(a) サイドエッチングの側面（左）とそれを解決したラウンド形状（右）　　(b) nc-Si電子源アレイの写真

図4.21　電子源エッジ部のサイドエッチングの問題を解決してラウンド形状にするプロセス

② ストッパCr工程導入による電子放出特性への影響。

　nc-Si上へストッパCr層を形成した後（工程12）、熱処理（工程13の PECVD）、Crエッチャントによる剥離（工程17）を行う一連の工程の影響について調べた。nc-Si上にCrをスパッタ堆積後、真空中で工程13のプラズマCVD $Si_3N_4$のプロセス温度と同じ条件で、350℃、20分の熱処理を行った後、Crエッチャントにて剥離を行い、Ti/Au表面電極を形成して電子放出特性を測定した結果を、図4.22に示す。比較のため、熱処理を行わない場合と、より高温の550℃にて熱処理を行った場合についても示した。図より、ダイオード電流密度（$J_{ps}$）、放出電子電流密度（$J_e$）ともに、350℃の熱処理を行ったものは、熱処理を行わないものや550℃の熱処理を行ったものと同等であった。このことから、ストッパCr層を導入しても電子放出特性への影響はないことが確認された。

③ nc-Si上へのレジストパターンの直接形成、およびポジレジスト剥離プロセスの影響

　ポーラスSi構造を含むnc-Si電子源は、構造上アルカリ溶液に対する耐性が良くない。そのため、電子源アレイ形成のためのポジレジストプ

# 第4章　超並列電子ビーム描画（MPEBW）

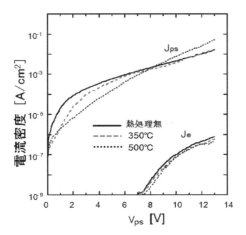

図4.22　Crスパッタしたnc-Siへの熱処理がnc-Si電子放出特性へ及ぼす影響
（電子源への印加電圧Vpsに対するダイオード電流密度Jps、および放出電子電流密度Je）

ロセスをnc-Si上へ直接適用した場合、現像液によって表面がダメージを受ける危険性が懸念される。実際の現像プロセスでは電子放出部はレジストパターンで覆われているため現像液に直接晒されることはないが、プロセスマージンの把握のためポジ型レジスト現像液及び、1-メチル-2ピロリドンを主成分とするレジスト剥離液（マイクロポジットリムーバー1165™、シプレイ社）に、nc-Si表面を直接晒す実験を行った。この実験の後、Ti/Au表面電極を形成して電子放出特性を測定した。その結果、実際の現像時間の約10倍にあたる30分間nc-Si表面を現像液に直接晒しても、また100℃に加熱した剥離液に直接晒しても電子放出特性が変わらないことがわかった。これによりnc-Si上へ直接ポジレジストを用いたフォトリソグラフィ工程を適用できることが確認された。

(6) コンデンサレンズアレイ付き電子源アレイ

電子源アレイは直径10μmの電子源が配列されている。個々の電子源に対応するように、コンデンサレンズアレイとアノードアパーチャアレイを取り付ける[19]。これによって、それぞれの電子源からの電

子ビームの太さを1/10（面積を1/100）にし、平行ビームとして加速する。これによって電子電流密度は100倍となる。図4.23 (a) には個々の電子源における、3層構造のコンデンサレンズとアノードアパーチャによる電子光学系を示してある。これが100×100アレイとして配列される。後の図4.48でこれを用いた100×100超並列電子ビーム描画装置の構成を示す。図4.23 (b) はコンデンサレンズアレイの構造の一部である。

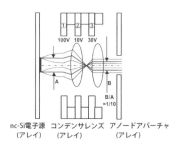
(a) 電子光学系（①②③の電位は電子源に対する値）

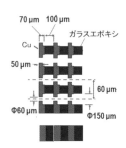
(b) コンデンサレンズの構造

図4.23　nc-Si電子源の表面に取り付けるコンデンサレンズ

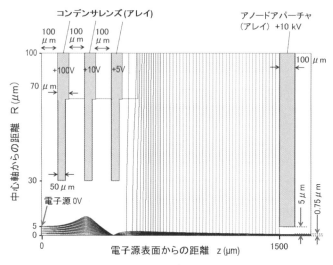

図4.24　コンデンサレンズのシミュレーション

第 4 章 超並列電子ビーム描画（MPEBW）

　このコンデンサレンズアレイ付き電子源の構造で、電子軌道をシミュレーションした例を図 4.28 に示す。

　100 μm ピッチの 100×100 アレイを実現する前に、0.6mm ピッチによる 17×17 アレイを試作し、特性を評価した。図 4.25 でその製作工程について説明する。厚さ 100 μm のガラスエポキシ基板に厚さ 70 μm の Cu を無電解めっきで形成する（工程 1）。これにレジストを塗布しパターニングした後、Cu をエッチングすることで、5 つの同心円パターンを作製する（工程 2）。ドリルで位置合わせ用の貫通孔を四隅に形成し、続けて Cu 層を貫通し基板途中までドリル加工することで、レンズ孔を形成する（工程 3）。裏面から Cu 層の途中までドリル加工し、表面から途中まで開けておいた孔を貫通させる（工程 4）。このようにして製作したコンデンサレンズの 1 層目を、カーボン電極付のポリエーテルエーテルケトン（PEEK）樹脂板を乗せた冶具に取りつける。この時にカーボン電極とレンズ電極を接続するスプリングを基板の孔に入れておく（工程 5）。合わせ用の孔を顕微鏡で見てマイクロステージで動かしながら、コンデンサレンズの 2 層目を取り付ける（工程 6）。コンデンサレンズの 3 層目、およびその上に取り付ける電子源との間のスペーサを乗せ、接着剤で固定する（工程 7）。冶具を取り外し、配線をカーボン電極付 PEEK（ポリエーテルエーテルケトン）樹脂版にねじで固定する（工程 8）。

　このようにして製作した 17×17 コンデンサレンズアレイの写真を、図 4.26 に示してある。同心円状に分割して、それぞれに異なる電圧を印加することで、図 4.6(b) で説明したように歪曲収差補正ができるようにしてある。

　アノードアパーチャアレイは、厚さ 100 μm の Mo シートを用い、レジストマスクによりエチレングリコール溶液中で電解エッチングして作製した。その写真を図 4.27 に示している。

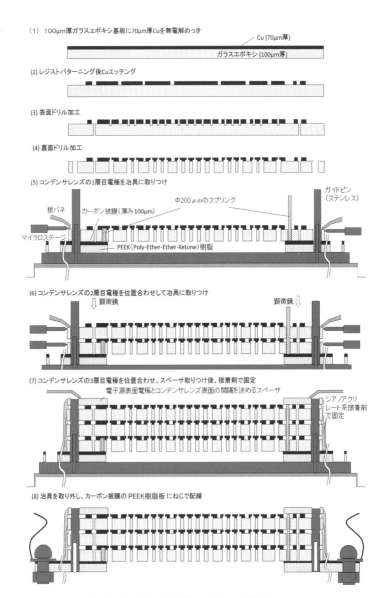

図4.25　17×17コンデンサレンズアレイの製作法

第4章 超並列電子ビーム描画（MPEBW）

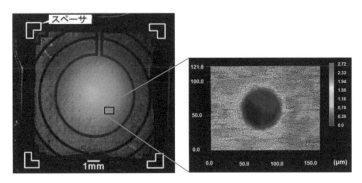

図4.26　17×17コンデンサレンズアレイ

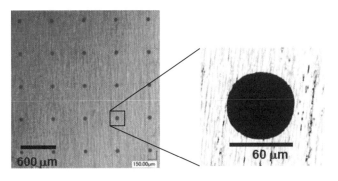

図4.27　17×17アノードアパーチャアレイ

　作製した17×17コンデンサレンズアレイによる電子ビーム集束について、評価実験を行った。その実験装置の写真を図4.28に示してある。集束した電子ビームを蛍光スクリーンの付いたガラス板にあて、真空チャンバの窓を通して裏面から観察する。図4.29は、このコンデンサアレイによる電子ビームの蛍光スクリーン像であるが、適正なレンズ電圧で集束されていることが分かる。

149

  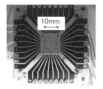

(a) 全体　　(b) 電子源アレイに取り付けたコンデンサレンズアレイ　　(c) 拡大写真

図4.28　コンデンサレンズの集束評価装置

(a) 集束電子ビーム

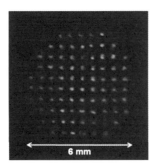 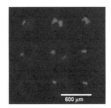

(b) 非集束電子ビーム

図4.29　17×17のコンデンサアレイにより集束した電子ビームの蛍光スクリーン像（右は拡大）

第 4 章　超並列電子ビーム描画（MPEBW）

## 4.2.2　ピアース型電子源
**(1) 構造**

　平面型の nc-Si 電子源では図 4.23 に示したように、各電子源から放出された直径 10μm の電子ビームは、4.2.1 (6) で説明したコンデンサレンズによって 1/10 に絞り込まれ、並行ビームにコリメートされてアノードアパーチャに向かって加速される。またこれによって電子ビームの電流密度は増大する。コンデンサレンズアレイは、絶縁体を挟んで電子源アパーチャアレイ上に固定されるが、その際高い合わせ精度が要求される。このような合わせが不要な次世代の電子源として、電子放出面を湾曲形状に加工して放出電子を絞り込む、ピアース型 nc-Si 電子源アレイを開発した [20][21]。図 4.30 に電子源駆動 LSI と接続しアクティブマトリックス型とした、ピアース型電子源アレイの構造を示す。全体構造は、湾曲形状の電子放出面を持つ nc-Si 電子源アレイと、放出電子を絞りこみ並行ビームとして引き出すための引き出し電極、および電子源駆動 LSI チップから構成されている。電子源アレイ内の各電子源は、Deep RIE によって Si 支持基板上に形成した貫通孔内を Benzocyclobutene（BCB）などの樹脂で埋め込むことにより絶縁分離されている。引き出し電極は電子源アレイとは別工程で作製し、最後に接着性の感光性樹脂で電子源アレイと接合する。電子源駆動 LSI チップとの接続は、Au-In-Au によるバンプ接合を用いている。

　図 4.31 に、ピアース型電子源から放出された電子の軌道を、シミュレーションにより計算した結果を示す。シミュレーションでは、-20.7kV にバイアスされた直径 60μm の湾曲形状の電子放出面及びそれと同電位に設置した周辺部に対し、引き出し電極の間に 700V の電位差を与えている（引き出し電極は-20kV）。また、引き出し電極から 300μm 離れた位置にある電位 0V のアノードプレート（図示せず）から、引き出し電極へ向かって、約 667kV/cm の電界が印加されている。電子放出面から 1μm/s の初速度で面電子放出された場合を想定している。図より、nc-Si 電子源から放出される準弾道電子の電子ビームが、湾曲形状の法線方向に

放出され、引き出し電極によって収束され、電子放出面の中心から70μmほどの位置から微小径の並行ビームとして引き出されていることがわかる。

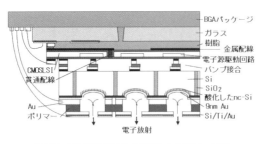
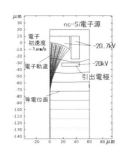

図4.30　電子源駆動LSIと集積化したピアース型電子源構造の概略図

図4.31　ピアース型電子源から放出された電子の軌道シミュレーション

(2) 等倍露光

湾曲形状の電子放出部をもつnc-Si電子源アレイの露光特性を評価するため、電子源間の絶縁分離を行う前の工程まで進めた100×100のピアース型nc-Si電子源アレイ表面にTi/Au電極を形成したテストサンプルを作製し、図4.12に示したテストベンチを用いて等倍露光実験を行った。電子放出部付近のサンプル構造とそのSEM像及び断面SEM像を図4.32に示す。電子源のピッチと直径は、それぞれ100μm及び40μmである。露光は、50nm厚の電子ビームレジストZEP520上に、印加パルス電圧−15V、放出電子電流密度4.3μA/cm$^2$、適正ドーズ量 (30μC/cm$^2$) に相当する露光時間7秒で行った。それ以外の実験条件は前の4.2.1 (3) で述べた条件と同じである。

図4.33に露光結果の光学顕微鏡写真を示す。同図 (a) 下図に示した電子源アレイと同じ配列パターンが、同図 (b) 下図に示すようにレジスト上に転写されており、全ての電子源アレイからの電子ビーム放出が確認された。同図 (b) 上図に示した露光パターンの拡大光学顕微鏡写真 (白い部分が露光された領域) を見ると、中心部が露光されていないことが判る。その原因として、電子源表面にスパッタ堆積した薄膜のTi/Au

第4章　超並列電子ビーム描画（MPEBW）

表面電極が、電子源表面が湾曲形状のためにパターン周辺部に比較して中心部で厚くなり、その部分を通過する電子の数が低下したためと考えられる。今後、ピアース型nc-Si電子源アレイの作製プロセスを最適化していくことが課題である。

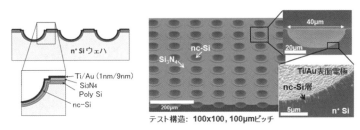

(a) 電子放出部の構造　　(b) SEM像と断面SEM像

図4.32　等倍露光を評価するためのテストサンプル構造

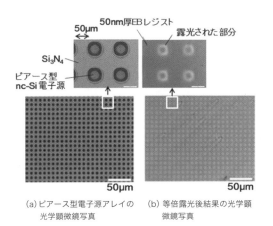

(a)ピアース型電子源アレイの　(b) 等倍露光後結果の光学顕
　　光学顕微鏡写真　　　　　　　微鏡写真

図4.33　等倍露光結果

(3) 製作プロセス

図4.34にピアース型電子源の製作プロセスを示す。はじめに4inch n$^+$型Siウエハ（抵抗率：0.01～0.02Ω cm）上に3μm厚の熱酸化膜（$SiO_2$）を形成する（工程1）。低抵抗のSi基板は、工程6の陽極酸化及びECOプロセ

スにおいて裏面からSi基板を介して表面のpoly Siへ定電流を流すために用いる。次に裏面をレジストでカバーし、表面のSiO$_2$を緩衝フッ酸（BHF）を用いて100×100アレイで円形の抜きパターンに加工する。次いで表面のSiO$_2$パターンをマスクに用い、50℃のフッ硝酸（HNO$_3$：HF：CH$_3$COOH＝1：2：2）によりSi基板を等方性エッチングして、直径60$\mu$mの半球状の加工形状を得る（工程2）。次に裏面をレジストでカバーし表面のSiO$_2$マスクをHF水溶液で除去した後、裏面のレジストを剥離してnc-Si形成のための1.6$\mu$m厚のpoly Si膜をLP CVDにより形成する（工程3）。ここでレジストカバーによって裏面に残したSiO$_2$は、工程5のSF$_6$ RIEによるpoly Siエッチングの際にストッパとして用いる。その後、Si$_3$N$_4$及びSiO$_2$をLP CVD法により堆積する（工程3）。次に最表面のSiO$_2$膜上の電子放出部（湾曲形状部分）を除く領域にレジストパターンを形成し、HF水溶液によりSiO$_2$膜をエッチングする。その際、裏面のSiO$_2$膜も同時に除去される（工程4）。続いてレジスト剥離後、表面のSiO$_2$パターンをマスクにしてSi$_3$N$_4$を熱リン酸でエッチングする。この時裏面側のSi$_3$N$_4$も同時に除去される（工程4）。その後表面のマスクSiO$_2$をHF水溶液で除去し、続けて裏面poly SiをSF$_6$ RIEによりエッチングした後、下層のストッパSiO$_2$をHF水溶液で除去する（工程5）。次に、HFとエタノールの混合溶液中でSi基板裏面からパルス変調された定電流を印加しながら陽極酸化を行うことで、Si$_3$N$_4$開口部から露出した湾曲形状のpoly Si表面を選択的にナノポーラス化する（工程6）。続けて電気化学的酸化（ECO）を行いnc-Si粒子の周りにトンネル酸化膜を形成後、高圧水蒸気アニール（HWA）と超臨界乾燥（SCRD）を行う（工程6）。その後、工程12で形成する薄膜の第2 Ti/Au表面電極へ電圧を印加するための、第1Au表面電極を形成する（工程7）。

　図4.35に工程7まで終了したピアース型電子源の光学顕微鏡写真、SEM像及び断面SEM像を示す。なお、ここでは駆動LSIチップとの接合前の段階での電子放出特性を評価するため、表面には工程12で形成する第2 Ti/Au表面電極が形成されている。また光学顕微鏡写真に示さ

第4章　超並列電子ビーム描画（MPEBW）

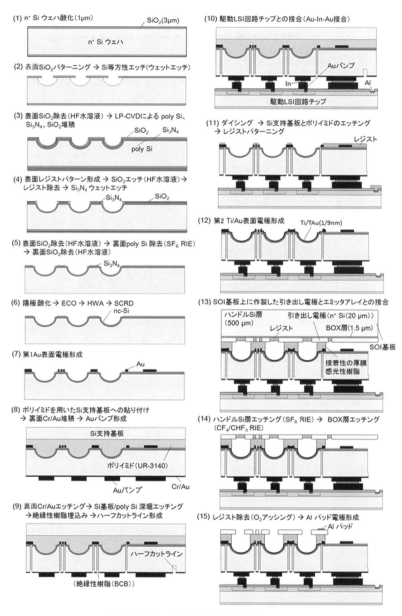

図4.34　ピアース型電子源の製作プロセスフロー

155

れているように、4.1.2で述べた縮小光学系で発生する像面湾曲収差を補正するため、第1、第2表面電極を含め電子源アレイは、5つの同心円状ブロックに区切られている。断面を見ると、nc-Si層が湾曲形状の法線方向に向かって形成されていることが判る。これは、陽極酸化における電気化学反応がpoly Siのグレイン境界線と同じ方向に進行していることに起因すると考えられる。

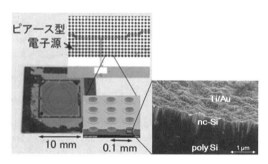

図4.35　試作したピアース型電子源の光学顕微鏡写真、SEM像及び断面

工程7の後、ポリイミド（UR-3140、東レ㈱）を用いて、Si支持基板上に電子源アレイの構造体表面を貼りつけ、裏面にCr/Auシード層をスパッタ法で形成後、厚膜レジストを用いて5μm厚のAuバンプをめっきで形成する（工程8）。次いで、厚膜レジストパターンをマスクにして裏面側のCr/Auシード層をエッチング後、レジストパターンを残したまま、Deep RIEによりSi基板と下層のpoly Si層を$Si_3N_4$層までドーナツ状に深堀エッチングする（工程9）。続けてデシケータ内での減圧状態を利用して液体を浸み込ませる真空含浸処理を行うことでトレンチ内部を絶縁性樹脂のBenzocyclobutene（BCB）（CYCLOTENE3022-63、ダウ・エレクトロニック・マテリアルズ）で埋め込み、その後$N_2$雰囲気下にて250℃で60分間加熱し、架橋させる（工程9）。これにより各電子源を電気的に絶縁分離する。その後$O_2$プラズマアッシングでレジストを剥離し、基板切断用のハーフカットラインを形成する（工程9）。

第 4 章　超並列電子ビーム描画（MPEBW）

　工程9におけるBCBの埋め込み性を評価するため、テストサンプルを用意した。2枚のSi基板をポリイミド樹脂で接合し、片方の基板にドーナツ状のトレンチを形成した後、上記真空含浸法によってBCBをトレンチ内に埋め込み、引き続き同条件で加熱処理を行った。比較のため、ポリイミド（UR-3140）での埋め込み性も評価した。両者の埋め込み後の蛍光顕微鏡断面写真（上）と光学顕微鏡平面写真（下）を図4.36に示す。(a)のポリイミド（UR-3140）を用いた場合、欠陥や剥離が生じて完全な埋め込みが達成されていない箇所が多々見られる。また上部写真からわかるように、柱状に分離されたSi基板も、ところどころ歪みが生じている。ポリイミドの濡れ性が低いことや、加熱時の大きな収縮がこれらの原因になったと考えられる。一方、(b)のBCBを用いた場合はそのような箇所は観察されず、アスペクト比10を超える深いトレンチ内も良好に埋め込まれていることが判る。

　工程9の後、Inを表面に蒸着したAuバンプを電子源駆動LSIチップのAlパッド上に形成し、電子源裏面のAuバンプとAu-In-Au接合により接続する（工程10）。接合は、真空下にて温度200℃、接合圧力20MPa、1時間で行う。接合強度を評価するため、テストサンプルとして2枚のガラス基板を用意した。一つのガラス基板には電気導通試験のためのAlを配線し、$SiO_2$絶縁膜を堆積・パターニング後、電解めっきによってAuバンプを形成した。もう一つのガラス基板にも同様の方法でAuバンプを形成し、その上にInを蒸着した。テストサンプルを上記の条件にて接合した試料の、せん断試験を行った結果を図4.37に示す。図より接合部はガラス基板から破壊されており、接合部の機械的強度は十分であることが確認された。また破壊試験の結果から、接合部のせん断強さは約18MPaであることが判った。また接合部が接続された構造で通電を確認したところ、1400個以上のバンプはすべて電気的に接続されていることが確認された。このことから、本接合によって高い歩留りで電子源アレイと電子源駆動LSIチップが電気的に接続できると考えられる。

　工程10の後、電子源側のSi基板を切り込みラインに沿ってダイシン

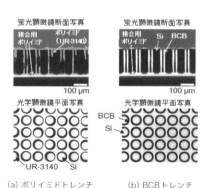
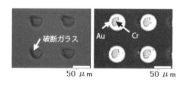

図4.36 トレンチへの埋込、蛍光顕微鏡断面写真(上)と光学顕微鏡平面写真(下)
(a) ポリイミドトレンチ　(b) BCBトレンチ

図4.37 せん断試験後の破断部の光学顕微鏡写真
上側ガラス基板　下側ガラス基板

グで切断し、Si支持基板と貼付け用ポリイミド(UR-3140)をそれぞれ$SF_6$ RIE、$O_2$プラズマアッシングによって除去する。その後、表面電極を形成するためにフォトレジストパターンを形成する(工程11)。次いで、薄膜Ti/Au(1nm/9nm)をスパッタ堆積後にフォトレジストを剥離して、第2 Ti/Au表面電極をリフトオフにより形成する(工程12)。その後、20μm厚の$n^+$ Siによるデバイス層(抵抗率:0.01〜0.02Ωcm)をもったSOI(Silicon on Insulator)基板上に引き出し電極を形成し、その上に膜厚約20μmの接着性の感光性樹脂(TMMR N-A 1000、東京応化工業㈱)をパターニングした後、120℃の$N_2$雰囲気で、約250kPaで電子源アレイと接合する(工程13)。引き出し電極の作製は、デバイスSi層をDeep RIEで下地埋込酸化膜(BOX)層まで加工した後、加工部にレジストを埋め込んで機械的に補強して行う。これにより、接合時やその後のSOIウエハのハンドルSi層除去時に発生する引き出し電極のゆがみを防ぐことができる。感光性樹脂により電子源アレイと接合した後、500μm厚のハンドルSi層を$SF_6$ RIEでエッチングし、続いて1.5μm厚のBOX層を$CF_4$/$CHF_3$ RIEでエッチングする(工程14)。その後、$O_2$プラズマアッシングとアセトン溶液を用いた超音波洗浄によって引き出し電極部に埋め込まれたレジストを選択的に除去し、最後にSiステンシルマス

第4章　超並列電子ビーム描画（MPEBW）

クを用いてAl蒸着によりパッド電極を形成する（工程15）。工程13から工程15までの一連のプロセスによって引き出し電極を実際の電子源アレイ上に転写する際の事前検証のため、工程13に示した引き出し電極をガラス基板上に接合した後、工程14及び工程15のプロセスを用いてガラス基板上へ転写試験を行った。その結果、引き出し電極は、ガラス基板上に歪みなく均一に転写されることが判った。また、この接着性の感光性樹脂は、埋め込みレジストの剥離時のアセトン浸漬や超音波処理に対して十分に耐えることができ、構造体としての膨潤や歪みも発生しないことが確認された。ピアース型nc-Si電子源アレイに引き出し電極を接続した時のSEM像を図4.38に示す。本プロセスにより、実際に電子源アレイ上への引き出電極の接続が可能であることが確認できた。

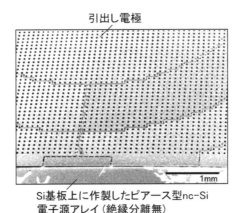

図4.38　ピアース型電子源アレイ上へ接続した引き出し電極のSEM像

## 4.3 電子源駆動 LSI

### 4.3.1 回路構成

電子源駆動 LSI の写真を図 4.39、主な仕様を表 4.1 に示す。この LSI には 1.8V/5V/32V のトランジスタを混載利用可能な 0.18μm CMOS High Voltage (HV) プロセスを用いた [22]。

LSI はコア部と周辺部から構成される。コア部には電子源駆動回路が 100×100 (=10,000) 個 100μm ピッチで 10mm 角内に配列されている。さらにコアは収差補正のため 5 個の同心リング (R0-R4) に領域分割され、それぞれ独立した電源と信号で動作する (表 4.2)。リング内の駆動回路は約 80 個毎のグループ (Gr) に分割され、それぞれ描画データを転送するシフトレジスタを有する。このシフトレジスタにより描画データをシリアルに転送でき、LSI の入力ピン (ワイヤボンドパッド) 数を大幅に削減した。本 LSI には合計 128Gr あり、データ転送入力は 128bit 幅となる。

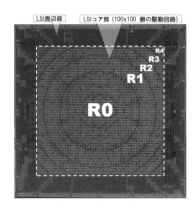

図 4.39　電子源駆動 LSI

第 4 章　超並列電子ビーム描画（MPEBW）

表 4.1　電子源駆動 LSI の仕様（Vsurf：電子源表面電極電圧）

| プロセス | SMIC, HV CMOS 0.18 $\mu$m、6 層メタル | |
|---|---|---|
| 寸法 / ピン数 | 13.5 mm 角 / 430 ピン | |
| 電源電圧 / 消費電力 | 1.8V, 5V, 15V / 657 mW | |
| 描画データ入力幅 / 周波数 | 128 bit / 100MHz | |
| 電子源駆動回路 | 100 × 100 | 100 $\mu$m ピッチ |
| 電子源駆動電圧 | 電子放出時：Vsurf<br>停止時：Vsurf − Vdrv ≈ Vsurf − 15V | |
| 収差補正リング数 | 5 リング | |
| 電子源バラツキ補正 | 4 種の電子放出期間から選択 | |
| 温度測定 | pn 接合方式 | |

表 4.2　リング毎の電子源数とグループ数

| リング数 | R0 | R1 | R2 | R3 | R4 | 合計 |
|---|---|---|---|---|---|---|
| 駆動回路数 | 3,088 | 3,060 | 2,612 | 968 | 272 | 10,000 |
| グループ（Gr）数 | 40 | 40 | 32 | 12 | 4 | 128 |

LSI の入力信号は 5V ロジックで、LSI 周辺部には 430 個のワイヤボンドパッド、入力信号をコア部用 1.8V 信号へ変換する回路、電子放出を一括停止させる入力 Pchg を反転して HV（13 〜 17V）信号 XHVpchg へ変換する回路、さらに LSI の温度測定用センサを配置した。

### 4.3.2　電子源駆動回路

図 4.40 の電子源駆動回路をもとに動作の詳細を説明する。各駆動回路は 100 $\mu$m 角に収められ、対応する電子源の直下に配置した。各駆動回路出力 XEBdrv は接続パッドとバンプにより電子源の駆動電極に接続される。電子源の表面電極は電圧 VH に接続し、XEBdrv が電圧 VL（LSI の接地電圧）または電圧 VH（13V 〜 17V）を出力すると、電子源からの電子放出が On または Off する。

　描画データ転送に用いる D 型フリップフロップ GSR の入力 GSRdin は、前段駆動回路の GSRdout に接続し、出力 GSRdout は後段の GSRdin

に接続することで、シフトレジスタを構成する。GSRのクロックGSRckin/GSRckoutもGSRdin/GSRdoutと同様に接続され、確実にシフトレジスタが動作するよう各駆動回路内で遅延調整される。

Wr = 1のとき、Md [1:0] の値で指定されたLT0, LT1またはLT2の何れかに、GSR出力Qが格納される。

描画に先立ちMd [1:0] を1,0と1,1に順次固定し、シフトレジスタGSRを介して設定値をLT1とLT2に書き込む。その設定値により、データセレクタDselは4種の電子源駆動開始信号Ena [3:0] から1種を選択しEnaSに出力する。電子描画はEnaSの立上りで開始し、XHVpchg = Lで終了する。この機構により、4種の電子放出時間から、それぞれの電子源ごとに1種を選択し、電子源の電子放出強度のバラツキを補正することが出来る。

描画時はMd [1:0] を0,0または0,1に固定し、シフトレジスタGSRを介して描画パターンをLT0に書き込む。

LT0出力 = 1の場合、EnaSの立上りでEnaがアクティブになり、5V→HV Level ShifterがXEBdrv = VLを出力（電子源にVH-VL電圧を印加）し、電子放出が開始される。その後XHVpchg = VLでXEBdrv = VHとなり電子放出が終了する。LT0出力 = 0の場合、Ena [0] の立上りでDisがアクティブになり、確実にXEBdrv = VHとなり電子放出は阻止される。

またXEBdrvのロジックレベルは低電圧に変換され、駆動回路からオープンドレイン出力（EBoutG）される。EBoutGは他の電子源駆動回路のEBoutGとwired-ORされ、LSI周辺部のワイヤボンドパッドから出力される。これはLSIの機能試験に使用される。

### 4.3.3　電子源駆動LSIの絶縁分離

本LSIは収差補正のため、同心リング毎に異なったオフセット電圧（140V以上）を印加する必要がある。高耐圧トランジスタは寸法が大きいため、高いオフセット電圧を絶縁し、同時に必要な回路を高集積化することは難しい。したがって、必要な回路を高集積化したLSIを既存の

第4章　超並列電子ビーム描画（MPEBW）

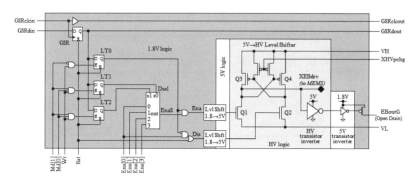

図4.40　電子源駆動回路

　LSIプロセスで製造・納品後、MEMS技術を利用して同心リングの境界で絶縁分離してリング間を絶縁する構成とした（図4.41）[22][23]。

　この分離はDeep RIEにより、図4.41に示した同心リング境界とともに、対応するLSI周辺部も分離する。この分離によりリングR0とリングR1がLSI周辺部から完全に独立し、対応する信号と電源も切断される。そのため、R0とR1のリング内と、R0とR1に対応するLSI周辺部に、それぞれSi貫通配線（Through Silicon Via（TSV））を設置し、信号と電源はLSI裏面を介して接続する（図4.42）。LSI本来の配線の代わりに新たに形成す

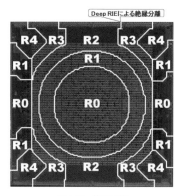

図4.41　絶縁分離

163

る裏面配線を使用することで、LSIコア部と周辺部の回路は変更することなく使用できる。リング境界をつなぐLSI本来の配線は、LSI上面から容易に切断できるように上面の最上位メタル配線層（第6層）に限定した。

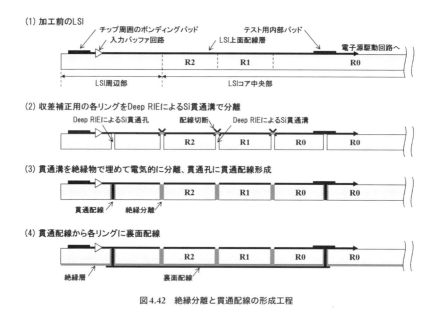

図4.42　絶縁分離と貫通配線の形成工程

　図4.43にチップ上での電子源駆動回路の配置、また図4.44にはリング間絶縁分離溝を示す。多数の電子源駆動回路が配置されたLSIコア部に絶縁分離溝とTSVを追加するため、個々の電子源駆動回路領域（A、$100\mu m$角）の領域境界3辺に接する五角形（B）内に回路をレイアウトし、回路が存在する五角形部分と回路が無い部分（C）を$100\mu m$角領域（A）内に作り、その電子源駆動回路領域の回転または鏡像化した回路を順次並べた。電子源との接続用パッド（D）を五角形の回路領域（B）の上に最上位メタル配線層で形成した。隣接する2個の駆動回路領域（A）を無回路領域（C）が接するように配置し、その無回路領域の中央に$25\mu m$幅の絶縁分離用の溝（E）を配置した。また、2×2個の駆動回路領域（A）が

第 4 章　超並列電子ビーム描画（MPEBW）

一点で接する頂点に無回路領域（C）が集まるようにし、その無回路部分（F:TSV接続領域）の中心にTSV接続パッド（G）を配置し、その下にφ90μmのTSVを形成した。このレイアウトの工夫によりTSVを大きくできた。

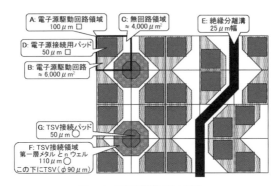

図 4.43　電子源駆動回路の配置

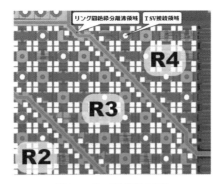

図 4.44　リング間絶縁分離溝

### 4.3.4　Si貫通配線

Si貫通配線(Through Silicon Via(TSV))を設置する部分のTSVとLSI裏面2層配線の製作工程を図4.45に示した。TSV接続パッドは通常のワイヤボンドパッドと同様に構成され、最上位のAl層とメタル配線層6層がVIA（0.22μm角、0.52μmピッチ、各層それぞれ6,704個）で接続されている（図4.45（1））。TSV接続パッドの下のp型Si基板にはnウェルが形成され、TSV接続パッドとnウェルがコンタクト（0.22μm角、0.52μmピッチ、11,656個）で接続されるが、p型Si基板とはpn接合の逆バイアスで電気的に絶縁される。

TSV作製は、まずLSI（厚み約700μm）を厚み300μmにバックグラインドし、次にLSI裏面から円筒状（外径90μm, 内径40μm, Deep RIE幅25μm）にSiO₂層までp型Si基板をDeep RIEにて垂直にエッチングする（図4.45（2））。必要なDeep RIEの縦横比は約12：1になる。SiO₂のエッチングレートは、Siに比べ約1/200なので、Deep RIEはSiO₂層に達するとほぼ停止する。続いて、形成された円筒状溝に絶縁層となる樹脂を埋め

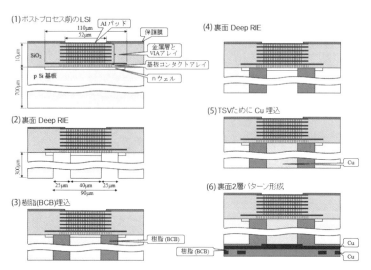

図4.45　TSVの製作工程

込む（図4.45（3））。次に円筒内のnウェルを含むp型Si基板をエッチングで取り除き（図4.45（4））、導体（Cu）を電気メッキで埋め込む（図4.45（5））。

TSV形成後、LSI裏面に2層配線を形成し、コア部と周辺部のTSVを接続する（図4.45（6））。

### 4.3.5　超並列電子ビーム描画用LSIの動作

試作したLSIは、単体でもLSIテスタ等を用いて検査を行うことができる。また、Deep RIEやTSVなどそれぞれのプロセスの後にLSIの検査が可能で、さらに電子源アレイと接合集積化した後のLSI機能テストを行う仕組みも備えている。

#### (1) 電子源アレイとの接合の評価

電子源アレイをLSIに接合すると、LSI表面が電子源アレイで覆われてしまい、LSIの内部信号をプローブすることができない。そのため4.3.2の最後で説明した通り、LSI内の電子源駆動信号をwired-ORで集約しLSIから出力可能とした。この仕組みにより、電子源アレイをLSIに接合した後でも電子源の駆動状態を観測可能である。但し、信号がwired-ORされているため、一度に各リング内の1個の電子源駆動信号XEBdrvだけが観測できる。

#### (2) 貫通配線無しでの収差補正評価機構

試作したLSIは、図4.42に示したTSVやLSI裏面配線のプロセスが無くても、図4.46に示した対角線上の電子源駆動回路に関して、リング間に異なるオフセット電圧を印加して収差補正を評価できるようにした。

図4.41で説明した通り、絶縁分離するとリングR0のコア部と周辺部が分断され、回路が動作しなくなる。リングR1も同様である。そこで、リングR0とR1に対応した信号線および電源線を図4.46に示した経路にてLSI内で接続した。したがって、図4.46の太い点線で示したDeep

RIE経路で絶縁分離すれば、LSIの対角線上の電子源駆動回路と対応した周辺部の信号線および電源線が切断されずに動作する。

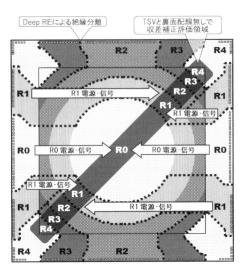

図4.46　TSVと裏面配線を使用しない場合

### 4.3.6　超並列電子ビーム描画用LSIの動作

　本LSIに必要な信号をLSIテスタ（T6573、㈱アドバンテスト）から入力し、電子源に接続される予定の駆動回路出力（XEBdrv）に検査プローブをあて、電子源の15V駆動とアクティブマトリックス駆動ならびに電子源バラツキ補正について、実動作に近い形で動作検証した。

　電子源入力容量は想定0.22pFであるが、検証プローブは10pFのため、露光時間200μs（実動作2μsの100倍）、描画データ入力周波数15KHz（実動作100MHzの1/6,667）に減速し、4個の駆動回路のCell [3:0] を動作検証した（図4.47）。

　最初に図4.47①の期間でLT1（図4.34）の設定値をGSRdinからシリアル入力し、その期間の最後で {Md [1] =H, Md [0] =L, Wr=H} によりCell [3:0] のLT1にそれぞれ {H, L, H, L} を書込む。同様に②の期間でLT2

の設定値をシリアル入力し、その期間の最後で{Md[1]=H, Md[0]=H, Wr=H}によりLT2に{H, H, L, L}を書込む。この設定によりCell[3:0]は、電子放出開始信号EnaSとして、それぞれEna[3], Ena[2], Ena[1], Ena[0]を選択する。

③の期間でシリアル入力されたCell[3:0]に対応した描画データ{H, H, H, H}は、その期間の最後で{Md[1]=L, Md[0]=X, Wr=H}によりLT0に{H, H, H, H}を書込む。続く④の期間で、LT2とLT1の出力により4種のEna[3:0]から選択された電子放出開始信号EnaSの立上りでXEBdrv = 0V（電子放出）、Pchgの立上りでXEBdrv = 15V（電子放出停止）となる期待通りのXEBdrvの波形を観測できた。これにより4種の電子放出時間を電子源個々に選択することにより、電子源のバラツキを補正する機能を確認した。

さらに④、⑤、⑥の期間でシリアル入力された描画データ{H, L, H, L}、{L, H, L, H}、{L, L, L, L}に応じて、⑤、⑥、⑦の期間で各Cellの電子放出が個々にOn/Offされ、電子源アレイをアクティブマトリックス制御できることを確認した。出力パルスが低レベルになる直前、15Vから電圧が降下した。これは、Pchgが非アクティブ（Lレベル）になってから、選択された電子放出開始信号Ena[3:0]がアクティブ（Hレベル）になるまでXEBdrvが高インピーダンス状態になり、回路の漏れ電流により電圧が降下したことによる。実動作では、今回の検証動作速度より約100倍速く、さらに検査プローブより電子源の入力容量が小さいので問題ない。

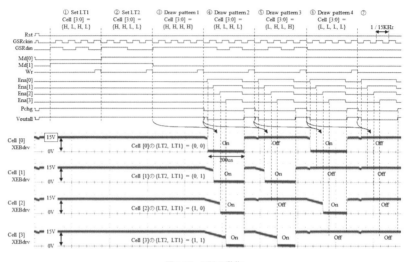

図4.47　LSIの動作

## 4.4　電子源ユニットと電子ビーム制御システム

### 4.4.1　100×100超並列電子ビーム描画装置

　100×100超並列電子ビーム描画装置の構成を図4.48に示す。各電子源の大きさは10μm角で、100×100個（合計10,000個）が100μmピッチでアレイ化されている。電子源アレイ（大きさ10mm角）はMEMS技術で製造され、電子加速のため−5kVの電圧にバイアスされて動作する。電子源アレイ直下にはコンデンサレンズアレイが設置される。個々のコンデンサレンズは3電極のアインツェルレンズで構成され、個々の電子源から放出された電子ビームが1/10の1μm角に絞られる。100×100アレイ状の1μm角・100μmピッチの電子ビームはGND電圧のアノードアパーチャアレイで加速される。さらに対物レンズで1/100に一括縮小され、10nm角・1μmピッチの電子ビームとしてウエハ上に結像する。

　TSVを介して電子源アレイ裏面に引き出された電子源駆動電極に、電子源表面電極に対し数～10数V印加すると、電子源から電子が放出

される。電子放出をOn/Offする駆動回路は、電子源アレイと同様に100μmピッチでLSI上に配置される。個々の駆動回路には電子源との接続パッドが設けられ、電子源アレイ裏面の電子源駆動電極とポーラスAuバンプを介して電気的に接続される。電子源表面電極は他の電子源と共通にして、電子源アレイ表面の外周にあるワイヤボンドパッドを介して電圧が供給される。

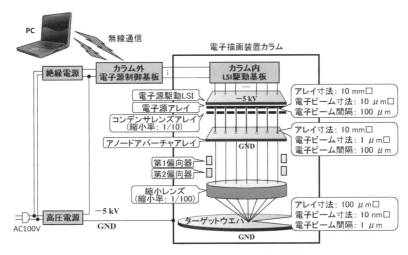

図4.48 100×100超並列電子ビーム描画装置の構成

電子源アレイから放出された100×100電子ビームアレイは縮小レンズで1/100に一括縮小されるため、図4.6で説明したように収差が発生し、ウエハ上に投影されるすべての電子ビームは同時に合焦せず（像面湾曲）、さらにアレイ形状が歪む（歪曲収差）。そこで2.1.2で説明したように電子源アレイを5個の同心リング（R0～R4）に分割し、リングごとにオフセット電圧を加えた電子ビーム加速電圧−5kVを印加する。さらに、コンデンサレンズアレイも同様に同心リングに分割し、リングごとにオフセット電圧を印加して焦点距離を調整する。この加速電圧のオフセットとコンデンサレンズの焦点距離調整の組み合わせにより収差が補

正され、すべての電子ビームはウエハ上で合焦するとともに歪みの無いアレイ形状が得られる。

(1) 100×100電子源ユニット

電子源ユニット（図4.49）は、電子源アレイと電子源駆動LSI（図4.39）をポーラスAuによるバンプで電気的に接続し、Staggered Pin Grid Array (SPGA) ICパッケージに収納している。

ここで使用したSPGAパッケージには、LSIが接触する部分に平坦加工された基準面が設けられている。パッケージに設けられた接着溝に塗布された接着剤でLSIを固定し、LSIとパッケージが接触する部分には接着剤が入らないようにすることで、LSIならびに電子源アレイが傾くことなく組み立てることができる。LSIの動作に必要な信号と電源はワイヤボンドによりパッケージから供給され、接合バンプを介して電子源を駆動する。また、LSIから電子源表面へのワイヤボンドで電子源表面電極電圧が供給される。

LSIの絶縁分離の道筋およびTSVを確保するため（4.3.3参照）、図4.43に示したLSIの電子源接続用パッドの大きさは小さく（50μm角）さらに各電子源領域の中心に無い。そこで図4.50のようにLSIの表面に再配線を施し、電子源と接続する大きさ75μm角のパッドを図4.43に示す電子源駆動回路領域（100μm角）の中心に形成した。このパッドにより、容易に電子源と接続できるようになった。

電子源アレイとLSIの電気的接続は、最初にポーラスAuバンプ転写基板（田中貴金属㈱製）からバンプ（φ25μm）を電子源アレイへ転写し、次にバンプが転写された電子源アレイとLSIを接合する。ポーラスAuバンプは多孔質のAuバンプで変形しやすく、150℃でAuパッドに押し付けるとAu/Au接合により電気的に接続される。

100×100電子源アレイは5個の同心リング（R0～R4）に分割し収差補正する。このため、リングごとに異なったオフセット電圧（最大210V）をLSIを介して電子源に印加できるようにした。

第 4 章　超並列電子ビーム描画（MPEBW）

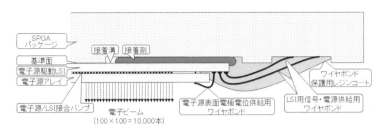

図 4.49　100×100 電子源ユニット

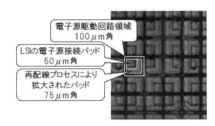

図 4.50　LSI 表面の再配線

(2) 100×100 カラム内 LSI 駆動基板

電子源ユニットと接続されたカラム内 LSI を駆動する基板のブロック図を図 4.51 に示す。カラム内 LSI 駆動基板は、シフトレジスタ（SR）、SR を収差補正リングごとに絶縁して信号電圧をシフトするレベルシフタ（Lvl Sft）、温度センサと市販 LSI で構成され、電子源描画システムのカラム内に設置される。LSI 駆動基板は電子の加速電圧 −5kV にバイアスされ、さらに各リングには、収差補正に必要なオフセット電圧を加えた電子源駆動電圧と電子源表面電極電圧を印加して動作させる。

電子源ごとの電子放出時間設定（LT1 と LT2）と電子放出の有無（LT0）を指示する露光パターンは、リング R4～R0 の順でシリアルデータとして、EBP-SDT から転送クロック EBP-CLK に同期して入力される。シフトレジスタ SR をデータで満たした後、GSRCK をアクティブにして電子源駆動 LSI（図 4.40）内のシフトレジスタ GSR にシフト入力する。この動作を繰り返し、全露光パターンを電子源駆動 LSI に入力後、Wr をアク

173

ティブにしてMd [1:0]で指定したラッチLT0、LT1またはLT2の何れかに書込む。露光する場合は、Ena [3:0]を順次アクティブにする。LT0がHレベルの電子源は、LT1とLT2で選択される何れかのEna [3:0]で電子放出が開始され、Pchgのアクティブで電子放出を終了する。

この仕組みにより、各リングの電子源は収差補正に必要な電圧にオフセットされ、各電子源はオフセットされた表面電極電圧を基準に電子源駆動電圧（最大−30V）で駆動される。

温度センサは図4.51に示すように、電子源駆動LSIに内蔵されたpn接合により温度を測定し、Serial Peripheral Interface（SPI）通信でカラム外電子源制御基板へ送る。

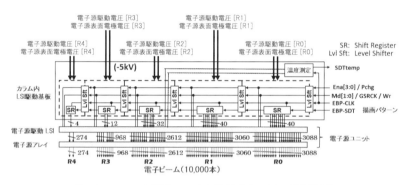

図4.51　100×100電子源ユニットと接続したカラム内LSI駆動基板

(3) 100×100カラム外電子源制御基板

カラム外に設置する電子源制御基板（図4.52）は、マイコン（MPU）、5個の電極電圧発生回路（Pd, Ps, Pca, Pcb, Pcc）、各部の電圧・電流をモニターするAD変換器（ADC0, ADCx）、Bluetooth無線ユニット（BTユニット）、高耐圧絶縁電源（絶縁DC/DC）で構成され、電子源描画装置（図4.48）のカラム外に設置される。

MPUはUSB接続されたBTユニットを通じてPCと通信し、PCからの指令に基づき動作する。PCから100×100の露光パターンを受信し、MPU

のシリアルポート（SPI2）と汎用入出力ポート（GPIO）からカラム内LSI駆動基板へ露光パターンと露光実行指令を送信する。また5個の電極電圧発生回路の各部電極電圧設定データをPCから受信し、MPUのシリアルポート（SPI1）とGPIOを介して各電極電圧発生回路へ送信する。さらに、AD変換器（ADC0, ADCx）でデジタル化された温度データや電極電圧発生回路の各部電圧・電流値を、MPUはシリアルポート（SPI2またはSPI3）経由で受信し、PCへ送信する。

5個の電極電圧発生回路（Pd, Ps, Pca, Pcb, Pcc）は同じ構成で、それぞれ電子源駆動電極電圧、電子源表面電極電圧およびコンデンサレンズアレイ3電極の電圧を、収差補正リングR0～R4用の5種類のオフセット電圧を加えて出力する。MPUから設定データを受信し、第一のDA変換器（DAC0）は収差補正リングR0に必要な設定制御電圧を、第二のDA変換器（DACx）は収差補正リングR1～R4に必要なオフセット設定制御電圧を出力する。2個の絶縁型電源（PI0/PIx）は、DAC0/DACxからの設定制御電圧により電圧発生回路（V Reg）へ電源を供給する。電圧発生器V Regは、DAC0/DACxからの設定制御電圧に基づいて収差補正リングR0～R4で必要な電圧を発生する。個々のV Regは収差補正リングR0に必要な電圧を、任意に±210Vの範囲で発生でき、R0用電圧を基準に任意のR1～R4用電圧を0～－210Vの範囲で発生できる。

カラム内LSI駆動基板を電子の加速電圧－5kVにバイアスして動作させるため、カラム外電子源制御基板も－5kVにバイアスして動作させる。この－5kVは図4.52に示される高圧電源で発生し、それを電子源制御基板のグランド（GND）に接続することにより回路が－5kVにバイアスされる。

電子源制御基板を動作させるための電源は、電子源制御基板に搭載された高耐圧絶縁電源（絶縁DC/DC）を通じて供給される。図4.52に示した通り、PCと電子源制御基板（－5kVにバイアスされている）はBluetooth無線で接続されるため、電子の加速電圧－5kVに感電の危険が無く、安全に操作できる。

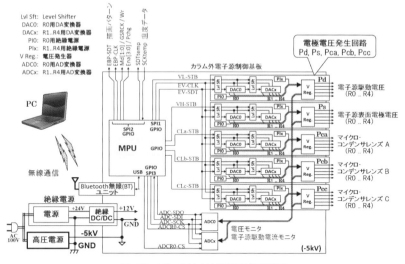

図4.52　100×100カラム外電子源制御基板

### (4) 100×100電子源システム制御

　システム制御はPCで実施する。図4.53に制御パネル（PC画面）を示す。このパネルにより、電子源表面電極、電子源駆動電極ならびにコンデンサレンズアレイ3電極を収差補正リングごとに電圧設定できる。露光パターンは、画素数100×100のbit map（bmp）データを読み込んで電子源駆動LSIへ転送する。露光に必要な4種のパルス幅・周期・パルス数を設定し、[Exposure]ボタンをクリックして露光を実行する。電子源アレイおよびカラム内LSI駆動基板は真空のカラム内に設置され、その支持機構および接続ケーブルを通しての熱伝導と、熱放射のみで放熱される。このため電子源駆動LSIの温度を常時モニターし、設定した温度を超過すると警報を発するようにした。PC上の制御パネルならびに制御プログラムは、Visual Studio Express for Desktopの環境でC#言語を使用して開発した。

第4章　超並列電子ビーム描画（MPEBW）

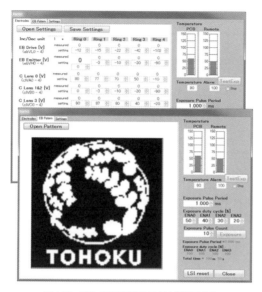

図4.53　100×100電子源システム制御パネル

### 4.4.2　17×17並列電子ビーム描画装置

100×100電子源アレイを使用した電子ビーム露光実験に先立ち、電子源アレイを17×17にし汎用のディスプレイ駆動LSIを使用するアクティブマトリックス駆動システムを開発した[24]。これにより電子ビーム露光の評価を早期に開始することができた。

(1) 17×17電子源ユニット

電子源ユニット（図4.54）は、配線を形成した低温焼成セラミック（Low Temperature Co-fired Ceramic（LTCC））基板（LTCC再配線基板）に、電子源アレイをポーラスAuバンプで電気的に接続し、Pin Grid Array（PGA）ICパッケージに収納した。

電子源アレイには100×100電子源アレイを使用し、その3×3個の電子源駆動電極を裏面に形成した、大きさ300μm角の接続パッド（Cr/Pt/Auの3層薄膜）で並列接続することにより、600μmピッチの17×17

アレイを構成した（図4.55）。一方、LTCC再配線基板にも同様の接続パッドを配置し、LTCCの多層配線を介して再配線基板周囲のワイヤボンドパッドへ電気的に接続した（図4.56）。

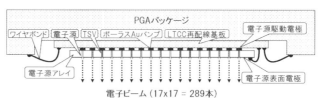

図4.54　17×17並列電子源ユニット

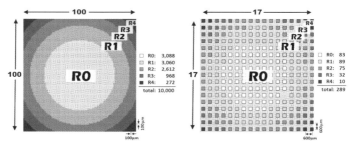

図4.55　100×100電子源アレイと17×17電子源アレイ

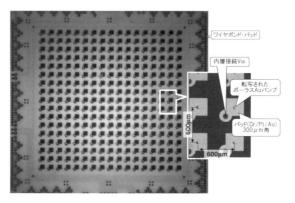

図4.56　LTCC再配線基板

電子源アレイとLTCC再配線基板の電気的接続は、最初にポーラスAuバンプ転写基板(田中貴金属㈱製)からバンプ($\phi 50\mu$m)を再配線基板へ転写し、次に150℃で押し付けてバンプが転写された再配線基板と電子源アレイを接続した。

電子源駆動電圧はPGAパッケージとLTCC再配線基板の間のワイヤボンドで供給される。また電子源表面電極電圧は、PGAパッケージとLTCC再配線基板ならびにLTCC再配線基板と電子源アレイ表面の2本のワイヤボンドで供給される。

100×100システムと同様に、17×17電子源アレイも5個の同心リング(R0～R4)に分割し収差補正する。リングごとに異なったオフセット電圧(最大210V)を、LTCC再配線基板を介して電子源駆動電圧に印加できるようにした。

(2) 17×17カラム内電子源駆動基板

電子源ユニットと接続したカラム内電子源駆動基板の、写真とブロック図を図4.57と図4.58に示す。汎用のディスプレイ駆動LSI (Disp Dr)、Disp Drを収差補正リングごとに絶縁して信号電圧をシフトするレベルシフタ (Lvl Sft)、温度センサで構成され、電子源描画システムのカラム内に設置される。電子源駆動基板は電子の加速電圧－5kVにバイアスされ、さらに各リングは収差補正に必要なオフセット電圧でオフセットされた電子源駆動電圧と電子源表面電極電圧で動作する。

17×17電子源アレイから電子放出させる露光パターンは、リングR4～R0の順でシリアルデータとして、EBP-SDTから転送クロックEBP-CLKに同期して入力される。全露光パターンをDisp Drに入力後、EBP-LDをアクティブにしてDisp Dr内の出力ラッチに転送する。Disp Drの出力イネーブル信号EBP-STBをアクティブにすることで、転送された露光パターンに応じてDisp Drから電子源駆動電圧が電子源駆動電極へパラレルに出力される。この仕組みにより、各リングの電子源は収差補正に必要な電圧にオフセットされ、各電子源はオフセットされた表面電

極電圧を基準に電子源駆動電圧（最大 − 30V）で駆動される。

温度センサは図4.58に示すように、電子源駆動基板の温度を測定しInter-Integrated Circuit（I2C）通信でカラム外電子源制御基板へ送る。

図4.57　17×17電子源アレイと駆動回路

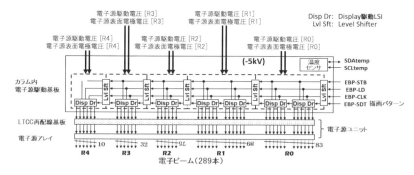

図4.58　17×17電子源ユニットと接続したカラム内電子源駆動回路

(3) 17 × 17カラム外電子源制御基板

カラム外電子源制御基板（図4.59）は、マイコン（MPU）、5個の電極電圧発生回路（Pd, Ps, Pca, Pcb, Pcc）、各部の電圧・電流をモニターするAD変換器（ADC0, ADCx）、Bluetooth無線ユニット（BTユニット）、高耐圧絶縁電源（絶縁DC/DC）で構成され、電子源描画装置（図4.48）のカラム外に設置される。

第4章　超並列電子ビーム描画（MPEBW）

　17×17カラム外電子源制御基板は、PCから送信され電子源駆動基板へ送る露光パターンが17×17になったこと以外、100×100カラム外電子源制御基板と同様に動作する。

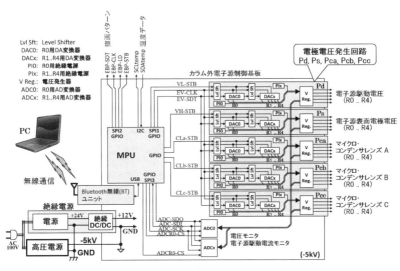

図4.59　17×17電子源アレイ制御基板

(4) 17×17電子源システム制御

　17×17電子源システム制御も100×100電子源システム制御と同様に構成されている。図4.60に制御パネル（PC画面）を示す。

　主な違いは、描画パターンをbmpデータの代わりに17×17個のボタンのON/OFFで表現すること、電子源のバラツキを補正する機能は無く、1種のパルス幅・周期・パルス数で露光することである。

181

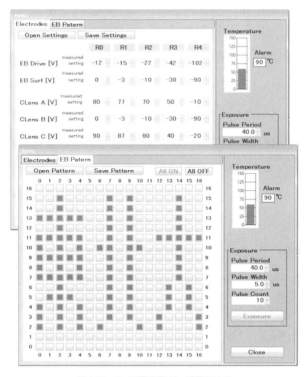

図4.60　17×17電子源アレイ制御パネル

## 4.5　描画装置

### 4.5.1　縮小型装置と等倍型装置

　縮小型超並列電子ビーム描画装置の外観写真を図4.61に示す。カラムの開閉を容易にするためカラムを横置きにして支持台に設置し、電子ビームは水平方向に進む。カラム内を真空にするため、カラムのウエハ収納部に真空排気装置が取り付けられている。カラムの両端には電子源収納部とウエハ収納部があり、電子源とウエハを収納し位置調整するためのマイクロメータ、内部観察用ビューポート、真空計が設置されてい

る。カラムの内容積を縮小し効率よく真空引きできるように、電子源収納部とウエハ収納部の間のカラム径を細く（内径100mm）している。

電子源へ送られる描画データ、電子源駆動電圧、コンデンサレンズアレイ制御電圧はカラム外電子源制御基板からカラム内外基板接続ケーブルを通してカラム内LSI駆動基板へ送られる。この部分は電子ビームの加速電圧－5kVにバイアスされるため感電防止用絶縁ボックスに収められている。偏向器、スティグメータ、縮小レンズへの制御電圧は電子光学系制御用電圧端子から供給される。

縮小型超並列電子ビーム描画装置の内部を図4.62に示す。電子源アレイ（電子源大きさ$10\mu m$角、ピッチ$100\mu m$、$100\times100$個（合計10,000個））から放出される電子ビームは、コンデンサレンズアレイと縮小レンズを経て10nmに絞られる。歪を少なくするため電子源からターゲットウエハまで約1,000mmの距離がある。その間に、電子ビームを加速するアノードアパーチャアレイ、外乱を防ぐ静電/電磁遮蔽用金属円筒、電子ビーム位置を調整する偏向器、ビーム形状を整えるスティグメータ、アレイ状の電子ビームを一括縮小する縮小レンズが挿入されている。電子源は4本のマイクロメータにより$XYZ\theta$方向、ウエハは2本のマイクロメータによりXY方向にカラム外からの操作によって位置調整できる。カラム内外基板接続ケーブルが接続されるカラム部分は電子ビームの加速電圧－5kVに接触する危険があるため、絶縁材で電気的に絶縁している。また、カラムと真空排気装置の接続部には、真空排気装置の振動がカラムに伝わらないように防振パッドが挿入されている。

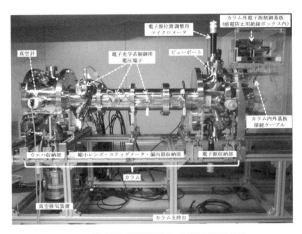

図4.61　縮小型超並列電子ビーム描画装置の外観

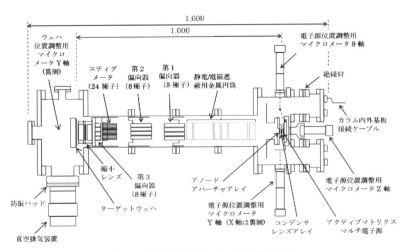

図4.62　縮小型超並列電子ビーム描画装置の内部

　図4.63は等倍型超並列描画装置の外観と内部である。図4.61と図4.62に示した縮小型超並列電子ビーム描画装置の中央部分を取り去り、左右の部分を接続して用いる。原理は図4.12で説明した等倍露光用のテストベンチと同じである。

第4章　超並列電子ビーム描画（MPEBW）

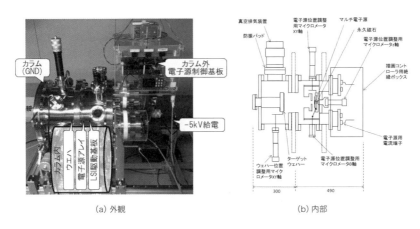

(a) 外観　　　　　　　　　　(b) 内部

**図4.63　等倍型超並列描画装置の外観と内部**

### 4.5.2　電子源部

電子源部の詳細を図4.64（縮小型）と図4.65（等倍型）に示す。両者とも電子源ユニットは、樹脂を用いて電気的に絶縁し高電圧（－5kV）を印加できるようになっている。またペルチェ素子で冷却し放熱できるようにしてある。

図4.64の縮小型では、カラムに固定されたコンデンサレンズアレイがあり、これに合うようにXYθスライドレールとZ軸ステージをカラム外のマイクロメータで動かして、電子源の位置を調整する。コンデンサレンズアレイと電子源ユニットには－5kVの高電圧を印加する。同図(b)に電子源ユニット部を拡大して示すが、コンデンサレンズアレイの前にGND電位のアノードアパーチャアレイが置かれる。この図に示す100×100アレイの場合は、図4.49に示した電子源ユニット（SPGAパッケージに収納された平面型電子源アレイと駆動LSI）が、LSIソケットを介して図4.51で説明したカラム内LSI駆動基板に接続されている。これはさらに信号・電源ケーブルで、カラム外電子源制御基板に接続されている。

185

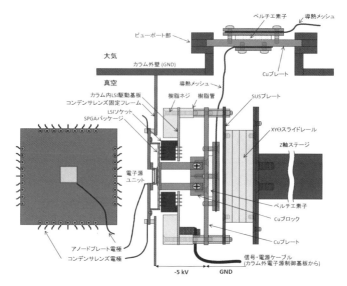

(a) 電子源部全体

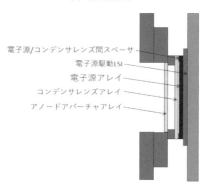

(b) 電子源ユニットの拡大図

**図4.64 電子源部の構造（縮小型）**

　等倍型として用いる場合は、電子源ユニットPGAパッケージの裏に放出電子の広がりを抑制する永久磁石（直径20mm、長さ20mm）を挿し込む。この図に示してある17×17アレイの場合は、図4.54のように電子源ユニットがPGAパッケージに取りつけられ、LSIソケットを介して

第4章　超並列電子ビーム描画（MPEBW）

図4.58に示したカラム内電子源駆動回路に接続され、カラム外電子源制御基板からの信号・電源ケーブルにより動作するようになっている。

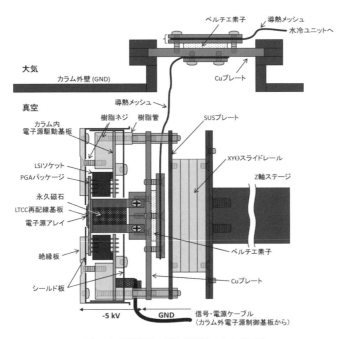

図4.65　電子源部の構造（等倍型の永久磁石付）

## 4.6　等倍露光実験

4.4.2で説明した17×17並列電子ビーム描画装置と、図4.63に示した等倍露光装置を使用して、等倍露光の実験を行った。

ターゲットウエハにスピンコータで電子ビームレジスト（ZEP520）を50nm厚で塗布し、電子源ユニットの表面に取り付けた絶縁板（厚み3mm）にターゲットウエハを押し付けることにより、電子源アレイ表面とターゲットウエハとの間の距離を3mmに調整した。電子源アレイとターゲットウエハを挟む対向したネオジウム系の永久磁石により、電子

源アレイ表面とウエハ面に垂直な磁場が印加される。ガウスメータでこの部分の磁場を測定した結果は0.56テスラであった。これにより電子源から放出された電子を、磁力線に沿って螺旋回転させ、ウエハ上で合焦するようにした。また、電子源アレイに加速電圧（－5kV）を印加し、ターゲットウエハを接地することで、磁場と平行な電界をかけた。

　この状態で、電子源に図4.66のような、振幅－12V、パルス幅5μs、パルス周期40μsの駆動電圧を、10μC/cm²のドーズ量になるまで繰り返し印加し露光した。なおこのレジストの適正ドーズ量とされているのは30μC/cm²である。これを現像液（ZED-N50）に3分間浸漬し、純水でリンスを行った。

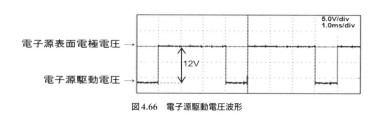

図4.66　電子源駆動電圧波形

　図4.67（a）にその露光結果を、また（b）には比較のための対応する17×17電子源アレイを示す。これらは縦軸に対して鏡像関係になり、収差補正リングR1に属する電子源に対応する位置（露光結果上に示した枠）で露光されたことが判った。R1に属する電子源に対応する位置でも露光されていない部分は、その電子源または接続するTSVの不良と考えられる。また、電子源とウエハ間距離や加速電圧の調整が不充分で露光結果はぼやけている。放出電子の電流密度が不均一なこともぼやけの原因と考えられる。しかしながら、本システムにより17×17並列電子源の一部から放出された電子による露光が確認された。

第4章　超並列電子ビーム描画（MPEBW）

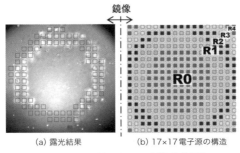

(a) 露光結果　　　　(b) 17×17電子源の構造

図4.67　17×17電子源アレイを使用した露光

## 4.7　マルチカラム化

1章で説明し、また図4.1で超並列電子ビーム描画（MPEBW）を概念図として示したように、マルチビームだけでなくマルチカラムにすることで、描画のスループットを上げることができる。図4.68に、シングルカラムのマルチ電子源（電子源アレイ）と、マルチカラムのマルチ電子源(電子源アレイ)の概念を示すが、マルチカラム化には、カラムの小形化が要求される。図4.69と図4.70には小形カラムの構造と原理、およびそのシミュレーション結果を示してある[25][26][27]。マルチビームでもブランカを使う分割マルチビーム方式に比べ、本研究のマルチ電子源で電子ビームをオンオフする方式は、カラムを小形化しやすいため、マルチカラムに適している。

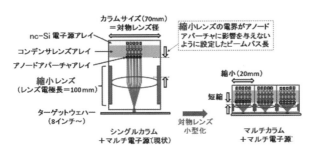

図4.68　シングルカラムマルチ電子源とマルチカラムマルチ電子源

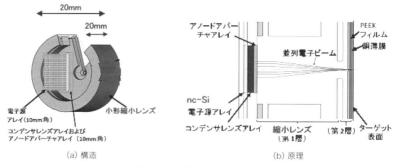

(a) 構造　　　　　　　　　　(b) 原理

図4.69　小形電子源アレイカラム

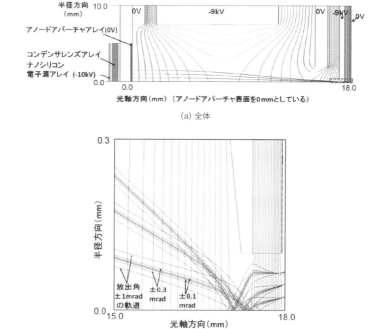

(a) 全体

(b) ターゲットウェハ近傍

図4.70　小形電子源アレイカラムの電子軌道シミュレーション

## 参考文献

[1] I. L. Berry, A. A. Mondelli, J. Nochols and J. Meingaillis (Microelectronics Res. Lab., Science Application Internl Corp., Univ. of Maryland); Programmable aperture plate for maskless high-throughput nanolithography, J. Vac. Sci. Technol. B, 15 (6) (1997) 2382-2386.

[2] M. Muraki and S. Gotoh (Canon Inc.); New concept for high-throughput multielectron beam direct write system, J. Vac. Sci. Technol. B, 18 (6) (2000) 3061-3066.

[3] M. Esashi, A. Kojima, N. Ikegami, H. Miyaguchi and N. Koshida (Tohoku Univ., Tokyo Univ. of Agriculture and Technol.); Development of massively parallel electron beam direct write lithography using active-matrix nanocrystalline-silicon electron emitter arrays, Microsystems & Nanoengineering, 1 (2015) 15029 (8pp).

[4] 江刺正喜, 池上尚克, 小島明, 宮口裕, 西野仁, 越田信義, 吉田孝, 室山真徳, 吉田慎哉 (東北大学, 東京農工大学); 超並列電子線描画装置の開発, 金属, 83 (9) (2013) 751-756.

[5] N. Ikegami, T. Yoshida, A. Kojima, H. Ohyi, N. Koshida, and M. Esashi (Tokyo Univ. of Agriculture and Technol., Tohoku Univ., Crestec Corp.); Active-matrix nc-Si electron emitter array for massively parallel direct-write electron-beam system, Proc. SPIE, Alternative Lithographic Technologies IV, San Jose (Feb. 2012) 8323.

[6] N. Ikegami, T. Yoshida, A. Kojima, H. Ohyi, N. Koshida and M. Esashi (Tokyo Univ. of Agriculture and Technol., Tohoku Univ., Crestec Cop.); Active-matrix nanocrystalline Si electron emitter array for massively parallel direct-write electron-beam system: first results of the performance evaluation, J. Micro/Nanolith. MEMS MOEMS, 11 (2012) 31406 (9pp).

[7] N. Ikegami, N. Koshida, A. Kojima, H. Ohyi, T. Yoshida and M. Esashi (Tokyo Univ. of Agriculture and Technol., Crestec Corp., Tohoku Univ.); Active-matrix nanocrystalline Si electron emitter array with a function of electronic aberration correction for massively parallel electron beam direct-write lithography: electron emission and pattern transfer characteristics, J. Vac. Sci. Technol. B, 31 (2013) 06F703 (8pp).

[8] N. Ikegami, N. Koshida, T. Yoshida, M. Esashi, A. Kojima and H. Ohyi

(Tokyo Univ. of Agriculture and Technol., Tohoku Univ., Crestec Corp.); Fabrication of nc-Si electron emitter array integrated with active-matrix driving LSI for massive parallel EB lithography, 6th Internl. Conf. & Exhibition on Integration Issues of Miniaturized Systems – MEMS, NEMS, ICs and Electronic Components (Smart Systems Integration), Zurich, Switzerland (March 2012) paper 27.

[9] 池上尚克, 小島明, 宮口裕, 吉田孝, 吉田慎哉, 室山真徳, 菅田正徳, 越田信義, 戸津健太郎, 江刺正喜 (東北大学, 東京農工大学); 超並列電子線描画装置用アクティブマトリックスナノ結晶シリコン電子源の開発と動作特性評価に関するレビュー, 電気学会論文誌E, 135-E (6) (2015) 221-229.

[10] N. Koshida, T. Ohta, B. Gelloz, and A. Kojima (Tokyo Univ. of Agriculture and Technol., Crestec Corp.); Ballistic electron emission from quantum-sized nanosilicon diode and its applications, Curr. Opin. Solid State Mater. Sci., 15 (2011) 183-187.

[11] N. Ikegami, T. Yoshida, A. Kojima, H. Miyaguchi, M. Muroyama, S. Yoshida, K. Totsu, N. Koshida and M. Esashi (Tohoku Univ., Tokyo Univ. of Agriculture and Technol.); Fabrication of through silicon via with highly phosphorus-doped polycrystalline Si plugs for driving an active-matrix nanocrystalline Si electron emitter array, Proc. 11th IEEE Annual Interl. Conf. on Nano/Micro Engineered and Molecular Systems (IEEE NEMS), Matsushima, (April 2016) C2L-B-5, 1188.

[12] N. Mori, H. Minari, S. Uno, H. Mizuta, and N. Koshida (Osaka Univ., Crestec Corp., Nagoya Univ., Univ. of Southampton, Tokyo Univ. of Agriculture and Technol.); Theory of quasi-ballistic transport through nanocrystalline silicon dots, Appl. Phys. Lett., 98 (2011) 062104.

[13] A. Kojima, N. Ikegami, T. Yoshida, H. Miyaguchi, M. Muroyama, H. Nishino, S. Yoshida, M. Sugata, H. Ohyi, N. Koshida and M. Esashi (Tohoku Univ., Crestec Corp., Tokyo Univ. of Agriculture and Technol.); Massively parallel EB direct writing (MPEBDW) system based on Micro Electro Mechanical System (MEMS) /nc-Si emitter array, Proc. SPIE, Alternative Lithographic Technologies VI, San Jose (Feb. 2014) 9049.

[14] N. Koshida, A. Kojima, N. Ikegami, R. Suda, M. Yagi, J. Shirakashi, T. Yoshida,

第 4 章　超並列電子ビーム描画（MPEBW）

H. Miyaguchi, M. Muroyama, H. Nishino, S. Yoshida, M. Sugata, K. Totsu and M. Esashi（Tokyo Univ. of Agriculture and Technol., Tohoku Univ., Crestec Corp.）; Development of ballistic hot electron emitter and its applications to parallel processing : active-matrix massive direct-write lithography in vacuum and thin films deposition in solutions, Proc. SPIE, Alternative Lithographic Technologies VII, San Jose, California（Feb. 2015）9423.

[15] N. Koshida, A. Kojima, N. Ikegami, R. Suda, M. Yagi, J. Shirakashi, H. Miyaguchi, M. Muroyama, S. Yoshida, K. Totsu and M. Esashi（Tokyo Univ. of Agriculture and Technol., Tohoku Univ., Crestec Corp.）; Development of ballistic hot electron emitter and its applications to parallel processing ; active-matrix massive direct-write lithography in vacuum and thin films deposition in solutions, J. Micro/Nanolith. MEMS MOEMS 14（3）（2015）031215.

[16] B. Gelloz, A. Kojima and N. Koshida（Tokyo Univ. of Agriculture and Technol., Crestec Corp.）; Highly efficient and stable luminescence of nanocrystalline porous silicon treated by high-pressure water vapor annealing, Appl. Phys. Let., 87（3）（2005）031107.

[17] S. Tanaka, M. Mohri, T. Ogashiwa, H. Hukushi, K. Tanaka, D. Nakamura, T. Nishimori and M. Esashi（Tohoku University, Nikko Company, Tanaka Kikinzoku Kogyo K.K.）; Electrical interconnection in anodic bonding of silicon wafer to LTCC wafer using highly compliant porous bumps made from submicron gold particles, Sensors and Actuators A, 188（2012）198-203.

[18] T. Komoda and N. Koshida（Panasonic Electric Works Ltd., Tokyo Univ. of Agriculture and Technol.）; Device applications of silicon nanocrystals and nanostructures, edited by N. Koshida, Springer Science + Business Media LLC（2009）251-292.

[19] A. Kojima, N. Ikegami, T. Yoshida, H. Miyaguchi, S. Yoshida, M. Muroyama, K. Totsu and M. Esashi（Tohoku Univ.）; Development of MEMS electrostatic condenser lens array of the massive parallel electron beam direct-write system, Proc. of the 11th IEEE Annual Interl. Conf. on Nano/Micro Engineered and Molecular Systems（IEEE NEMS）, Matsushima（April 2016）C2L-F-5, 1197.

[20] 西野仁，吉田慎哉，小島明，池上尚克，田中秀治，越田信義，江刺正喜（東北大学，東京農工大学）; 超並列電子線描画装置のためのピアース

型ナノ結晶シリコン電子源アレイの作製, 電気学会論文誌 E, 134 (6) (2014) 146-153.

[21] H. Nishino, S. Yoshida, A. Kojima, N. Ikegami, N. Koshida, S. Tanaka and M. Esashi (Tohoku University, Crestec Corp., Tokyo Univ. of Agriculture and Technol.); Development of MEMS pierce-type nanocrystalline Si Electron-emitter array for massively parallel electron beam direct writing, Proc. 27th IEEE International Conference on Micro Electro Mechanical Systems (MEMS 2014), San Francisco (Jan. 2014) 467-470.

[22] 宮口裕, 室山真徳, 吉田慎哉, 池上尚克, 小島明, 金子亮介, 戸津健太郎, 田中秀治, 越田信義, 江刺正喜 (東北大学, 東京農工大学); 超並列電子線描画用 LSI の設計と評価, 電気学会論文誌 E, 135 (10) (2015) 374-381.

[23] 金子亮介, 吉田慎哉, 室山真徳, 宮口裕, 江刺正喜, 田中秀治 (東北大学); 素子分離された各領域に異なるオフセット電圧を与えるための LSI 絶縁分離・再配線プロセスの開発, IEEJ マイクロマシン・センサシステム研究会, MSS-14-3 (2014).

[24] 宮口裕, 室山真徳, 吉田慎哉, 池上尚克, 小島明, 田中秀治, 江刺正喜 (東北大学); 17 × 17 並列電子源駆動システムの開発, 電気学会論文誌 E, 136 (9) (2016) 413-419.

[25] 小島明, 池上尚克, 宮口裕, 吉田孝, 吉田慎哉, 室山真徳, 戸津健太郎, 越田信義, 江刺正喜 (東北大学, 東京農工大学); 超並列電子線描画装置における電子光学系の小型化の検討, 第33回「センサ・マイクロマシンと応用システム」シンポジウム, 新潟 (2016年10月) 25pm4-PS-018.

[26] A. Kojima, N. Ikegami, H. Miyaguchi, T. Yoshida, R. Suda, S. Yoshida, M. Muroyama, K. Totsu, M. Esashi and N. Koshida (Tohoku Univ., Tokyo Univ. of Agriculture and Technol); Simulation analysis of a miniaturized electron optics of the Massively Parallel Electron Beam Direct-Write (MPEBDW) for multi-column system, SPIE Advanced Lithography 2017, San Jose (Feb.-Mar. 2017) 10144-20.

[27] 小島明, 池上尚克, 宮口裕, 吉田孝, 須田隆太郎, 吉田慎哉, 室山真徳, 戸津健太郎, 江刺正喜, 越田信義; マルチカラム超並列電子線直接描画装置のための小型電子光学系シミュレーションと電子源開発の近況, 応用物理学会 次世代リソグラフィ技術研究会 (NGL2017), 東京 (2017年7月) P18.

# 第5章　応用と今後の課題

本章では製品化という観点から、マルチビーム描画やマルチ電子源の応用と今後の課題について議論する。

## 5.1　デバイス大量生産への応用

半導体デバイスを高密度に集積化することは、デバイス性能の向上と製造コスト低減をもたらすので、いままでムーアの法則に従ってパターンの微細化が進んできた。半導体リソグラフィは微細パターンを形成する技術であり、求められる性能は、微細加工性、信頼性と製造コストである。現在、半導体の大量生産向けのリソグラフィ技術は、紫外光を用いた液浸露光とダブルパターニングを組み合わせた技術が主流である。これに加え、ナノインプリントや極端紫外（EUV）露光が、種々の技術課題の解決によりいよいよ実用レベルになってきた。しかしこれらの先進技術は、液浸露光技術に対してコストメリットがなければ実用化されることはない。同様のことは、同じリソグラフィ技術である電子ビーム描画装置においても言える。

図5.1に示すように、光による一括露光のようなマスク転写方式の露光時間に比べ、電子ビーム直接描画ではパターンの微細化が進むほど膨大な描画時間を要してしまう。

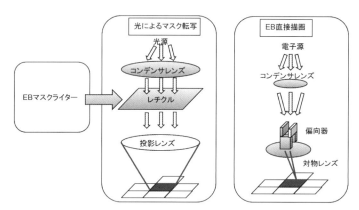

図5.1 光によるマスク転写と電子ビーム (EB) 直接描画

　パターンの微細化が進みデバイスサイズが縮小できるようになると、より高機能なデバイスを作製できるようなる。また低コスト化のために、同じ面積の材料からより多くのデバイスを生産することができる。その結果、単位面積あたりのパターン数は増大する。図5.2に示すように、単純に同じ回路を縮小するだけでも、2次元のデバイスでは単位面積あたりのパターン数はパターン寸法の2乗に反比例して増大する。高機能化によりデバイス構造が複雑になると、さらにパターン数は増大する。単位時間に描画できる面積にあたるスループットは、液浸露光技術のようなパターン転写の場合には微細化しても変わらない。しかしパターンを一つずつ描いていく電子ビーム描画のような場合には、微細化はパターン数の増大につながるため、スループットは低下する。

　Donald Tennantが1999年に報告したTennant法則によると、パターンをスポットで描画していく場合、図5.3に示すようにスポットサイズが小さくなると必要なショット数は急激に増大するするため、ショット数に反比例するスループットは大幅に低下し、スループットは最小パターン寸法の5乗に比例すると言われている [1]。基本的にはスループットはスポットサイズの2乗に比例して小さくなるが、付随する他の要因によってさらにその3乗の割合で低下するというものである。例えば電子

第5章　応用と今後の課題

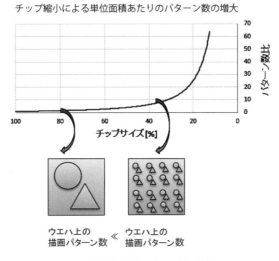

図5.2　微細化に伴うパターン数の増大

ビームスポットを小さくするために高加速電圧が使われ、その結果レジスト感度が下がる。微小パターン描画のために照射電流量が制限される。微細化が進むことでエッジラフネス等の要求が高まり、さらに微小スポットで描画しなければならない等の理由による。このようにパターンの微細化は、スループット低下に大きく影響する。

電子ビーム描画装置で直接ウエハ上に回路パターンを描画していく電子ビーム直接描画（直描）の場合、図1.5で示したポイントビームの電子ビームスポットでパターンを形成していくには、要求される最小パターン寸法よりもビームスポット径を小さくしてパターンを塗りつぶしていくことになる。直描は絵筆で絵を描くのとよく似ている。パターン寸法が大きいものを太筆で描けば速く描けるが、これを細筆で描くと筆の太さの2乗に反比例した時間を要してしまう。高速化する技術として、パターン寸法や形状に応じてビーム形状を変える可変成型ビーム方式（図1.8(b)）や、部分一括（キャラクタ投影）方式（図1.8(c)）がある。これに対して絵筆を複数本用意して同時に描画する手法が、マルチカラム描

197

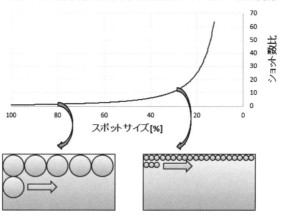

図5.3　微細化に伴うショット数の増大

画やマルチビーム描画である。マルチカラムはカラムを増やした本数分、シングルカラムの描画装置よりも高速に描画できる。4本カラムなら4倍になるが、この程度の高速化では液浸露光の速度には全く及ばない。そこでビーム数を数万以上に増やしたマルチビーム描画が、液浸露光と肩を並べるためには必須となる。

　一方、電子ビーム描画装置には、ウエハ上にデバイスパターンを1つずつ描画する電子ビーム直接描画の他に、液浸露光、ナノインプリント（NIP）、極端紫外（EUV）露光等の転写型装置に対して、マスク（レチクル、モールド）を作製して提供する役割がある。このような電子ビーム描画装置は電子ビームマスクライターと呼ばれるが、デバイスの量産はマスク転写によって行われるため、マスク自体の作製速度は遅くても許容される。しかしながら、マスク作製であっても低スループットはマスクコスト増につながるため、より高速な描画が求められ、今日では電子ビームマスクライターでも、シングルビームでは限界に達しマルチビーム化が進められている。

## 5.2 マルチビーム技術の直接描画への応用

　パターンの微細化に伴いマスクコストは増大し、これに見合う大量生産が必須である。高価なマスクコストは大量生産では許容されても、多品種少量生産においては大きな負担となるので、中・少量生産、試作、あるいは研究向けのデバイス作製には、マスクを用いずに直接パターンを描画できる直接描画装置が、高価な光露光装置に代わって使われている。

　直接描画（直描）には光を使ったものと電子ビームを使ったものがある。微細加工性の点で電子ビーム直描は優れるものの、スループットでは光露光に大きく劣っているため、電子ビーム直描は微細パターンに限定して使われるか、光と併用されることが多い。しかし、電子ビームと光ではプロセスが異なるため、これらの併用はデバイス作製のコストアップにつながり望ましくない。そこで各種の電子ビーム直描の高速化方式の開発が行われてきた。電子ビーム直描の高速化方式で最も効果的なものは、ポイントビームをマルチビーム化することである。

　究極の目標は半導体の大量生産を達成できる電子ビーム直描方式を開発することであるが、技術的ハードルが極めて高い。2013年に試算された例であるが、光転写によるデバイス作製コストを下回るのに必要な電子ビーム直描のスループットは一時間当たり100ウエハである。電子ビームマスクライターがマスク作製に要する時間は1日で、電子ビーム直描は電子ビームマスクライターの約2000倍高速に描画ができなければならないことになる。これはビーム照射量を2000倍にすれば実現できるので、100本のマルチカラムの装置を20台並べた巨大なシステムが提案されている [2]。300mm角ウエハに約100本のカラムを配置するには、カラムの大きさは30mm以下の超小型カラムでなければならないが、この小形カラムについては、4.7の図4.68から図4.70で議論を行った。この他ビームのOn/Off制御においては、マスクライターの2000倍の大量データを高速に扱うことになる。マスクライターと直描装置の大きさを比較すると図5.4のようになる。

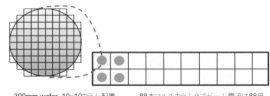

(a) 電子ビームマルチビームマスクライター　　(b) マルチ電子ビーム直描装置

**図5.4　大量生産向けマスクライターと直描装置のシステム規模比較**

　図5.5にはマルチ電子ビーム描画装置の使われ方を、装置価格やスループットとの関係で示す。電子ビームマルチビーム技術の最初の実用化は、電子ビームマスクライターと多品種少量生産向け電子ビーム直描装置への適用を目指すことになるが、これらには、微細加工性と製品価格の違いがある。

　微細加工性に関しては、光露光で用いられるマスク(レチクル)はデバイスの4倍の大きさでパターニングされるため、マスクライターでは直描で求められる最小加工寸法よりも緩いはずである。しかしパターンの微細化に伴いマスクパターンが複雑化 [3] してきた今日、マスクにおいても微細加工性の要求は高くなっている。

　次に装置自体の価格であるが、電子ビームマスクライターは半導体の大量生産に使われるので、多少は高価であっても許容される。一方、多品種少量生産で用いられる電子ビーム直描装置は低価格でないと導入が難しいことが多い。また研究用には最先端の微細加工が要求され、装置コストよりも加工性の要求が高いことも多い。いずれにしても相反する微細加工性と高速性(スループット)であるが、微細加工性を維持しつつ高速化を進める必要がある。装置価格の要求を含めると、電子ビーム直描装置の実現はより難しいことが想像できる。

　描画速度に関する2.3節で検討したように、マルチビーム電子ビーム描画装置で重要となる技術は、超高速データ転送技術、ダウンタイムの

第 5 章　応用と今後の課題

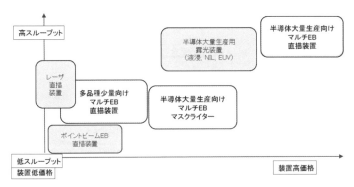

**図 5.5　マルチ電子ビーム描画装置の使われ方（装置価格やスループットとの関係）**

最小化、および補正内容の最小化である。ここで電子源は稼働率を上げるために、長寿命である必要がある。また補正を不要あるいは僅かとするように、照射電流を均一にしたり、電子源を均等に配列したりすることが重要である。この他実現を現実的なものにするため、可能な限り既存技術を用いた構成にするのが得策である。

　電子ビーム描画装置は図 1.8 で説明したように、単純なポイントビーム方式の装置の改良から始まり、パターンに合わせてビーム形状を自在に変えられる可変成形ビーム（VSB）方式、いくつか基本的な形状のステンシルマスクを複数用意して転写する部分一括（キャラクタ投影（CP））方式が、高速化のために登場してきた。現在、マスクライターとして開発されているマルチビーム描画方式は、CP で固定したステンシルマスクをそれぞれのビームに適用する構成となっている。従って、移動ステージ系、真空排気系、電子光学系等の多くは、既存の技術が流用できている。マルチビームの配列歪は新たな技術課題であったが、冗長多重露光で平均化することで解決されている。残る課題は高速データ転送、およびビーム On/Off の機構と制御の信頼性である。

201

## 5.3　マルチビーム電子源の効果的な活用方法

　マルチビームの電子源はOn/Off制御のために互いに分離し、制御回路や絶縁に必要な領域を確保するために隙間が必要である。この隙間に存在するパターンは、ビームを偏向するかステージを移動して埋める。一本の電子ビームを用いたポイントビームの場合は、ビーム位置を2次元平面内で自由に偏向移動できるので、ビーム位置決め時に偏向回転、大きさや歪の補正などを行うことができる。これに対して、マルチビームでは図5.6に示すように、ビーム位置決めと偏向の補正とは別に、ビーム毎の配置の補正を多重露光で行う必要があり、ポイントビームと比べて複雑かつ高速に制御を行うことになる。

　マルチビーム方式を用いた簡単な応用例であるが、電子源が十分大きく、チップサイズ以上の大きさの場合はステージ移動を行わず、1回のマルチビーム描画で1チップ分の描画が完了する。この場合、つなぎが発生しないためマルチビームの面回転・ゲイン補正・歪補正が不要となり、制御は簡単化できる。さらにデバイス開発用途として、ウエハ1枚に1

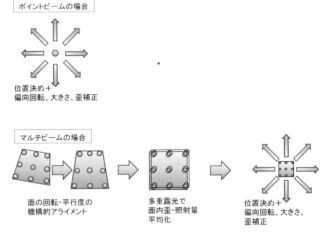

図5.6　ビーム位置補正と位置決め

チップの描画であれば、チップ間のステージ移動も不要になり、システムはさらに簡単化できる。しかしこのような大きなマルチビーム電子源で描画を行うことを想定した場合、電子レンズ系や偏向器の実現は困難である。図5.7には、磁気レンズや静電レンズを用いた方法と、2.2.3 (2) で説明した上下に磁場を印加して縮小レンズ無しで等倍にてウエハ上にフォーカスを行う方法の2種類のフォーカシング手法を示す [4]。

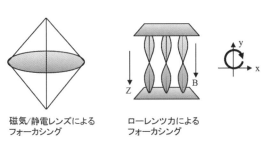

図5.7 電子ビームのフォーカシング

後者では、電子源とウエハ上のスポットの隙間を埋めるための偏向装置を入れることはできない。そこで電子源を図5.8に示すように直動ステージの移動方向(右矢印)に対して少し回転させて配置し、ステージ移動方向への各ビームの射影がお互いに重ならないようにすると、ビームを動かさずに、ステージ移動だけで、ビームスポット間の隙間を埋め尽くすように描画が可能である。この場合、離散的にスポットが配置された面状の電子源が、密にスポットが並んだ線状電子源として動作する。

## 5.4　マルチビーム1チップ直接描画装置（効果的応用例1）

産総研を中心に開発が進められているミニマルファブ構想では、ウエハサイズは0.5インチである[5]。このサイズのマルチビーム電子源を作製し、一括で描画するようにすれば、描画装置は図5.9に示すように小型になる。

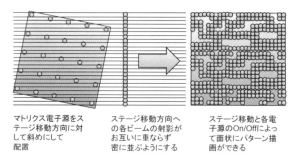

図5.8 斜め配置によるスポット間ギャップの充填

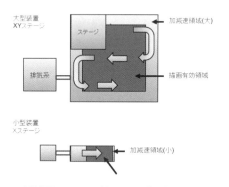

図5.9 小型装置のメリット（上から見た装置本体の大きさ比較）

　装置を小型化することで真空にする容器の容積が減るので、排気時間が短縮される。またステージやウエハが小さい分、温度制御を高速に行うことができる。ステージや真空ポンプは小型軽量なものになり、故障率が低下してこれらのメンテナンス時間が短縮する。描画に必要なデータ量は少なくなるので、マルチビームによるデータ量の肥大化を抑える事ができる。このため小型装置では描画準備時間を短縮でき、図5.10のように描画時間が支配的となり、描画動作を繰り返して行う必要がない少量生産においてトータルのスループットが向上する。
　装置の小型化は、ウエハ面と電子源面との平行度のアライメントも容易にする。電子ビームの持つ長所である焦点深度の深さにより僅かな平

第5章 応用と今後の課題

行度のエラーは許容されるからである。ステージはウエハの搬入・搬出が簡単になり、また図5.9に示すように僅かな位置決めのみとなるため、図5.11のように高精度で廉価な微動ピエゾステージが使用できる。

図5.10 小型装置のメリット（同じチップ数を生産する場合のスループット比較）

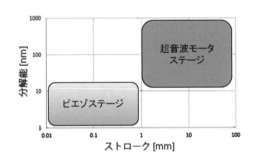

図5.11 ナノオーダー位置決め超精密ステージ

## 5.5 光デバイス向けマルチビーム直接描画装置（効果的応用例2）

半導体の大量生産をターゲットにした場合はスポットサイズを10nm以下にする必要があるが、光デバイスでは、図5.12に示す分布帰還型レーザダイオード（DFB LD）用の回折格子パターンのように、100nm程度のスポットサイズで十分であることが多い。レーザ直描の最小パターン寸法は0.5$\mu$mのため、レーザ直描では描画できない光デバイスパターンも多い。そこでスポットサイズを100nmとしたマルチビーム電子ビーム描画装置の需要がある。スポットサイズ100nmの場合は10nmの場合と比べて、同じ照射面積、同じショット時間ではビーム数は2桁

205

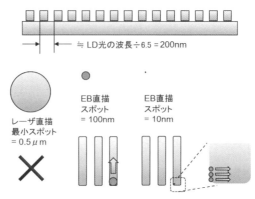

図5.12　回折格子パターンの描画

少なくて済むので、電子源とその制御システムの複雑さを緩和でき、小型のマルチビーム描画装置が実現できる。

　描画位置はスポットサイズとは独立に指定できるので、100nmのスポットサイズのビームでもナノオーダー以下で描画位置指定が可能である。またパターン寸法は、100nmのスポットサイズでスポットサイズ以下、例えば50nmにすることはできないが、図5.13のようにスポット照射位置を細かく指定するか、図2.41でも説明したようにドーズコントロールすることにより、スポットサイズ以下での線幅制御が可能である。回折格子パターン描画の場合、ラインパターンのピッチをナノメートル以下で制御することにより、1つのデバイス上に僅かに波長が異なるレーザを複数搭載した、光波長多重通信の光源も作製できる。

## 5.6　マルチビーム SEM への応用（効果的応用例3）

　パターンの微細化に伴い、SEMによるパターニングの検査は高倍率で行う必要がある。1回の観察領域は倍率の2乗に反比例して小さくなるため、同じ面積の領域の検査は倍率の2乗に比例して時間を要する。そ

第 5 章　応用と今後の課題

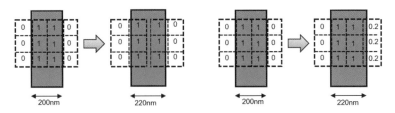

(a) スポット照射位置による線幅制御　　(b) エッジ位置のドーズ制御による線幅制御

**図5.13　サブスポットサイズの線幅制御方法**

こでSEMを用いた検査装置においても、マルチビームを用いて同時に複数個所の観察を行う、マルチビームSEMが有効と考えられる。図1.9 (c)で説明したMapper Lithograpgy社の装置を開発しているDelft工科大学では、マルチビーム描画装置の開発と同時に、14×14のマルチビームSEMの開発を行なっている[6]。試料へのビーム照射までは描画装置と同じだが、描画装置で必要な高速ビームOn/OffはSEMの場合に不要である。マルチビーム照射で試料から放出される2次電子を、分離して検出する検出器の開発が課題である。Zeiss社は既にマルチビームSEMを製品化している[7]。これでは図5.14のように、ビームスプリッタで1次ビームから分離した2次電子をマルチ検出器で検出するようにしている。図5.15に示すように、各ビームの偏向によって同時に得られる複数のSEM画像を合成し、1枚のSEM画像を生成している。

## 5.7　高安定電子源の必要性（今後の課題1）

　電子源の寿命と電子放出の均一性が描画パターンの寸法と位置の精度に影響するので、これらの改良が最大の課題である。シングルビームでは1つのビームに関して特性を維持管理すれば済んだが、マルチビームでは数万のビームそれぞれの特性を維持管理する必要がある。シングルビームでは自在に照射電流量や照射位置を補正することができるが、マルチビームの補正はより複雑になる。マルチビームを一括で扱うシステ

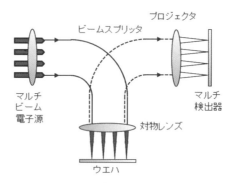

図5.14　マルチビームSEM (ZEISS社)

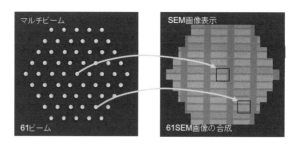

図5.15　マルチビームSEM画像 (イメージ図)

ムでは、システムを単純化できるものの、各ビームの自在な補正は困難である。マルチビームを個々に扱うシステムでは、自在な補正を行えるものの、そのためにはシステムは複雑化する。

　特性の維持管理にはモニターの必要がある。電子ビームの照射電流測定にはファラデーカップが広く使われているが、ビーム間隔が狭くなりファラデーカップの壁が薄くなると、ビームが透過してお互いの測定結果に影響するようになる。そこで測定時間がかかるが、一括で測定せずにビーム数よりも少ないファラデーカップで順次に測定することになる。シングルビームと比べて、マルチビームの放出電子電流密度は小さく、試料上にあるマークから放出される2次電子量あるいは反射電子量は少ない。したがってこれらのSN比の悪い信号でマーク検出を実施せざ

を得ず、ビーム位置の高精度測定は難しくなる。

　描画パターンの線幅エラー、描画位置エラーのばらつきを抑えるには、描画中に装置と電子源が安定していることが必要である。電子源が長寿命で描画時間内に安定していれば、描画中のビームモニターは不要となるが、ビームモニターは安定性の不足分を補う役割を担っている。すなわち描画結果から照射電流のばらつきや照射位置エラーを得て、これを打ち消すように各ビームの照射電流量や照射位置の初期調整を行なえばよい。電子源以外の装置の不安定性はビーム全体に影響するので、これらが初期調整後に変動があったとしても、どれか1つのビームを代表して定期的にモニターを行い、ビーム全体を一括して補正すれば済む。一方、電子源内で変動が異なる場合は、全てあるいは一部のビームを定期的にモニターする必要があるのでモニターに要する時間が増大し、スループットの低下をもたらす。そのため安定した電子源が望まれる。

## 5.8　高輝度電子源の必要性（今後の課題2）

　SEM画像の画質は試料への入射電子数の2乗に比例し、通常100pA程度の照射電流が必要である。Zeiss社のマルチビームSEMでは570pA×61ビームで、トータル35nAである。この程度の照射電流量であれば、単一ソースの電子源からのビームをアパーチャで61ビームに分離することによりマルチビーム化が可能で、従来のシングルビームSEMと比べて61倍高速なSEMが実現できる。

　一方、描画の場合は、照射電流量を増やして高スループット化していくと、2.2.4（1）で述べた電子どうしの反発による空間電荷効果で解像度に限界が来る。すなわちビーム軌道が乱れてビームが広がってしまう。マルチビーム化によるスループットの向上について図5.16に示してある。マルチビームで大電流のビームを分散化することで、空間電荷効果を回避しながらトータルの照射電流量を増やしスループットを向上させることができる。単一電子源のマルチビーム方式は、ソースビームの多くが

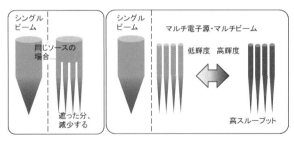

**図5.16　マルチビームのスループット比較**

アパーチャに遮断されて分割されるので、同じ電子放出量のソースではスループットは低下する。高スループット化するには、高輝度の電子源を用いてシングルビーム時よりもトータルのビーム電流量を増やさなければならない。マルチ電子源のマルチビーム方式では、シングル時と同じ照射電流量のものを集めれば、トータルの照射電流量はビームの数だけ増大し、劇的にスループットが向上することになる。実際には高密度に高輝度電子源を複数配置することは困難なため、個々の照射電流量はシングル時よりも小さくなる。しかしマルチビーム全体でシングル時以上の照射電流量が得られれば高スループット化の目的は達成できるので、各ビームの電流量が微小であってもマルチ化の効果は得られる。

　例えば100×100ビームの場合、スループットをシングルビームと同等以上にするには、各ビームの照射電流量はシングル時の1万（100×100）分の1以上あればよい。仮にスポットサイズ10nm×10nmで、シングルビームと同等の照射電流10nAにするには、100×100マルチビームでは1ビームあたり1pA（10nA/(100×100)）以上あれば良いことになる。これを図4.48の100:1縮小電子光学系で、電子ビームをコンデンサレンズで1/10に絞り込む構成で実現する場合を考える。図5.17の左に示すように、100$\mu$mピッチで2次元に配列された各電子源の大きさは10$\mu$m×10$\mu$mのサイズであり、これで1pAの放出となると、電子源に必要な放出電子電流密度は

$$1\text{pA}/(10\mu\text{m}\times10\mu\text{m}) = 10^{-12}\text{A}/(10^{-3}\text{cm}\times10^{-3}\text{cm}) = 10^{-6}\,(\text{A}/\text{cm}^2) = 1\mu\text{A}/\text{cm}^2$$

である。これに100μA/cm²の電子源を用いれば、同シングルビームの100倍、描画速度が高速化することになる。

一方、等倍電子光学系のマルチビーム描画装置を用いた場合は、電子源において10nm×10nmのサイズからの1ビームで1pAの放出とすると、電子源に必要な放出電子電流密度は

$$1\text{pA}/(10\text{nm}\times10\text{nm}) = 10^{-12}\text{A}/(10^{-6}\text{cm}\times10^{-6}\text{cm}) = 1\text{A}/\text{cm}^2$$

と高いものが必要になる。電子源の放出電子電流密度を増やせなければ、次のようにビーム数を増やさなければならない。10nm×10nmの電子源から1pAのビーム電流をとれるもので、放出電子電流密度を1A/cm²にするには、図5.17右のように電子源間のピッチを100nmと1000分の1（100nm/100μm）まで狭めることが必要になる。この場合、電子源間の絶縁ができず、また駆動回路の大きさも100nm以下にしなければならないため、現実的ではない。

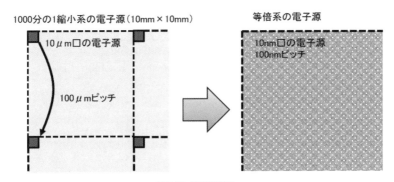

図5.17　電子源配列

## 5.9　まとめ

以上、検討したように、半導体の大量生産向けマルチビーム電子ビーム直描は、電子ビームマスクライターの2000倍ものスループットが要求され実現は難しいが、半導体の大量生産の2000分の1以下のボリュームの生産であれば、電子ビームマスクライター向けに開発した技術はそ

のまま電子ビーム直描にも適用できる。すなわち、マルチビームの電子ビーム直描への応用は、まず多品種少量生産向けからであり、その実現可能性は電子ビームマスクライターに続き、十分あると言える。マルチビームの描画装置がシングルビームの描画装置に置き換わるには、トータルのビーム照射量がシングルビーム装置の限界以上である必要がある。大面積の電子源を用いた等倍の電子光学系は、一度に広範囲に描画ができるので魅力的であるが、シングルビームの描画装置で用いられている電子源よりもはるかに放出電流密度が大きい電子源が実現されない限りは、縮小電子光学系を選択せざるを得ない。装置を小型にすることは、マルチビーム化に伴うシステムの複雑さを緩和し、描画準備やメンテナンスの時間を含めたスループットの向上につながり、デバイスの生産コストと描画装置の価格を下げるのに有効である。

## 参考文献

[1] D. M. Tennant（Bell Labs）；Limits of conventional lithography, Nanotechnology, G. Timp, ed., Springer（1999），164.

[2] E. Platzgummer et al（IMS Nanofabrication AG）；Electron multibeam technology for mask and wafer writing at 0.1 nm address grid, J. Micro/Nanolith. MEMS MOEMS 12（3）（2013）031108.

[3] 小谷俊也 他（㈱東芝）；半導体デバイスの微細化を支えるOPC技術とDFM技術, 東芝レビュー, 67（4）（2012）．

[4] R. F. Pease（Stanford Univ.）；Maskless lithography, Microelectronic Engineering, 78-79（2005）381-392.

[5] 原史郎（産業技術総合研究所）；ミニマルファブ特集, SEAJ Journal, 141（2013）．

[6] A. Mohammadi-Gheidari, C. W. Hagen, and P. Kruit（Delft Univ. of Tech.）；Multibeam scanning electron microscope: experimental results, J. Vac. Sci., Technol. B 28（6）（2010）C6G5.

[7] A. L. Keller et al（Carl Zeiss Microscopy GmbH）；Multi-beam scanning electron microscopy, Microscopy Today, 23（2）（2015）12-18.

# まとめ（超並列電子ビーム描画装置開発の成果と今後の展望）

　微細化やウエハの大口径化が進んだ高密度な大規模集積回路（LSI）は、巨大産業化し高機能なチップを大量に供給して高度情報化社会を支えている。これにはフォトマスク上の多数のパターンを光で一括転写するフォトリソグラフィが、重要な役割を果たしている。しかし高度に進んだLSIのマスクコストは数億円にもなり、多品種少量生産や開発用試作には大きな費用が掛かる。このため、高集積を生かし電気的に機能を設定できるField Programmable Gate Array（FPGA）や、ウエハ上に異なるチップを乗り合いで製造するマルチプロジェクトウエハなどの方法が工夫されている。

　ウエハ上に多数のパターンをマスクレスで直接描画するマスクレス露光は、電子データから型なしで直接に物を製造するディジタルファブリケーションにあたる。これによって、最適化された専用LSIなどを多品種少量生産したり、低コストで開発や試作ができれば、LSI産業の新しい展開が期待できる。レーザ描画で可能なマスクレス露光には微細化の点で限界があるので、微細パターンのLSIを直接描画するとなると電子ビームに頼ることになる。しかし本格的なLSIとなるとパターンの数が極端に大きくなるので、実用に使える時間で描画できるスループットを実現するには、極端に多数の電子ビームを並列に用いる「超並列電子ビーム描画（MPEBW）装置」を開発せざるを得ない。なおこのMPEBWは電子ビームマスクライターとしてマスク作製にも利用でき、マスクコスト低減にも有用である。

　1章で、各種方式の電子ビーム露光について比較して議論したが、分割した多数本の電子ビームを孔の開いたビームブランカアレイでオンオフする方式（図1.9（a）（c））では、原理的に駆動回路との接続の問題などで制御できる本数が限られる。このため平面上に多数並べた電子源アレ

イを集積回路で制御するアクティブマトリックス方式が原理的に優れていると考えられる。通常の半導体集積回路の場合、pn接合分離のため電圧が高いと高密度化できない。このためできるだけ多くのアレイとして配置するには、低電圧で駆動できる電子源が望まれる。東京農工大学の越田信義教授が開発してきた「ナノクリスタルSi（nc-Si）電子源」が10Vほどの低電圧で駆動できるので、電子源としてはこれを用いた。研究してきた各種の電子源は3章で紹介しているが、このnc-Siについては3.2節で説明した。10Vという制約から駆動回路の面積を小さくするのは難しく、100μm角のセルを100×100並べた電子源アレイを10mm角のチップに作ることにした。アクティブマトリックスのための電子源駆動LSIについては、4.3節で説明した。専用LSIの作製をファウンダリに依頼する関係で制約を受け、必ずしも最適化できないため、このアレイ密度になった。しかし例えば電圧の大きな駆動部だけ絶縁分離で製作することや、セルの隣接した部分の高電圧出力用トランジスタはまとめて電気的に分離するなどの手段も考えられる。最近のアイウエアやスマートグラスなどと呼ばれる眼鏡型のディスプレイには、CMOS回路上にOLED（有機高分子発光ダイオード）を形成したアクティブマトリックスディスプレイが使われている。この場合も駆動電圧はあまり低くできず10V程度と推測されるが、2000×2000程度のものが実現されている。この他3章の最後に説明したグラフェンを表面電極として用いたnc-Siのような、さらに低電圧で駆動できる電子源ができる可能性もあるので、1000×1000程度の大規模アレイも将来可能と思われる。

　全電子ビームの電流総和が大きいことが、スループットを上げるには必要である。このため電子源から放出される電子電流密度を上げることが課題である。3.2.5で述べたように、nc-Si表面電極としてAuの代わりにグラフェン単層を用いることで、放出電子密度を1桁ほど向上させることができた。信頼性には電子源の寿命を延ばすことなども重要になる。4.2.1 (5) で説明したように電子源の形状や陽極酸化時の端子の取り方などの工夫で、信頼性を上げ各電子源からの電流密度を均一化することも

まとめ（超並列電子ビーム描画装置開発の成果と今後の展望）

できた。

　平面型の電子源アレイでは各電子源から放出された電子ビームは、コンデンサレンズアレイによってそれぞれ1/10に絞り込まれ、並行ビームにコリメートとされてアノードアパーチャアレイに向かって加速される。コンデンサレンズアレイは、絶縁体を挟んでアパーチャアレイ上に固定されるが、その際に高精度な合わせが必要になる。この位置合わせが不要な次世代の電子源として4.2.2で説明したように、電子放出面を湾曲形状に加工して放出電子を絞り込む、ピアース型nc-Si電子源アレイを開発したが、これは電子電流密度を上げるためにも有効である。

　この他、電子源の寿命や製作の再現性・均一性など、信頼性に関わる基礎的な問題も研究する必要がある。

　4章では、この超並列電子ビーム描画のための電子光学系などについて議論した。4.1.2で説明した電気的な収差補正などの新しい技術も試みで導入したが、このために絶縁分離や貫通配線など複雑な構造になっており、また分割する同心リングの数にも制限があるため、上で述べた大規模アレイ化などと両立できるかなど難しい点も残されている。

　10年以上研究してきた超並列電子ビーム描画（MPEBW）装置について、本書では関連する基礎から成果まで述べた。この研究はまだプロトタイプの段階であり、残された課題も多いが、この成果が将来活かされて役に立つことを期待している。

# 関係発表文献一覧

1) 池上尚克, 吉田孝, 小島明, 太田敢行, 大井英之, 越田信義, 江刺正喜；超並列電子線露光装置用アクティブマトリクス型nc-Si面電子源の開発, 第72回応用物理学会学術講演会, 山形（2011年8月-9月）30a-ZL-5, 07-021.

2) N. Ikegami, T. Yoshida, A. Kojima, H. Ohyi, N. Koshida and M. Esashi；Active-matrix nanocrystalline Si electron emitter array for massively parallel direct-write electron-beam system：first results of the performance evaluation, J. Micro/Nanolith. MEMS MOEMS, 11 (2012) 031406 (9pp).

3) N. Ikegami, T. Yoshida, A. Kojima, H. Ohyi, N. Koshida and M. Esashi；Active-matrix nc-Si electron emitter array for massively parallel direct-write electron-beam system, Alternative Lithographic Technologies IV（ed. W.M.Tong and D.J.Resnick）(Proc. of SPIE, Vol.8323) (2012) 832312 (9pp).

4) N. Ikegami, N. Koshida, T. Yoshida, M. Esashi, A. Kojima and H. Ohyi；Fabrication of nc-Si electron emitter array integrated with active-matrix driving LSI for massive parallel EB lithography, 6th Internl. Conf. & Exhibition on Integration Issues of Miniaturized Systems - MEMS, NEMS, ICs and Electronic Components (Smart Systems Integration), Zurich, Switzerland (March 2012) paper 27.

5) 小島明, 池上尚克, 吉田孝, 太田敢行, 大井英之, 越田信義, 江刺正喜；超並列電子線描画装置用ナノシリコン面電子源接合型コンデンサレンズの開発, 第59回応用物理学関連連合講演会, 東京（2012年3月）17p-DP2-6.

6) A. Kojima, H. Ohyi, N. Ikegami, T. Ohta, N. Koshida, T. Yoshida and M. Esashi；Development of MEMS electron-optics bonded on electron emitter array for massively parallel EB lithography system, The 56th Internl. Conf. on Electron, Ion, Photon Beam Technology and Nanofabrication (EIPBN2012), Waikoloa, Hawaii (June 2012) 9C-2.

7) 綿屋孝祐, 宮口裕, 室山真徳, 田中秀治, 小島明, 池上尚克, 吉田孝, 江刺正喜；超並列電子線描画システムにおける電子線照射の収差を補正可能な電子源駆動回路の提案とその低消費電力化, 電気学会　センサ・マイク

ロマシン部門総合研究会, 京都 MSS-12-19(2012年6月) 87-92.

8) 池上尚克, 吉田孝, 小島明, 大井英之, 越田信義, 江刺正喜；超並列電子線描画装置用アクテイブマトリクスnc-Si面電子源の開発(II), 第73回応用物理学会学術講演会、愛媛(2012年9月) 12a-C5-8, 07-029.

9) A. Kojima, N. Ikegami, T. Yoshida, H. Miyaguchi, M. Muroyama, H. Nishino, S. Yoshida, M. Sugata, S. Cakir, H. Ohyi, N. Koshida and M. Esashi ; Development of maskless electron beam lithography using nc-Si electron emitter array, SPIE 2013 Advanced Lithography, San Jose, USA (Feb. 2013) 868001-868017.

10) 西野仁, 吉田慎哉, 田中秀治, 江刺正喜, 小島明, 池上尚克, 越田信義；超並列電子線描画のためのLSI集積化 ピアース型面電子源アレイの作製法の基礎検討, 平成25年電気学会全国大会, 名古屋(2013年3月) 3-127.

11) 小島明, 池上尚克, 吉田孝, 宮口裕, 大井英之, 越田信義, 江刺正喜；超並列電子線描画装置における電子光学収差補正, 2013春季応用物理学会, 神奈川(2013年3月) 28p-B2-3.

12) 江刺正喜, 池上尚克, 小島明, 宮口裕, 西野仁, 越田信義, 吉田孝, 室山真徳, 吉田慎哉；超並列電子線描画装置の開発, 金属, 83(9)(2013) 751-756.

13) 池上尚克, 小島明, 大井英之, 越田信義, 江刺正喜；超並列電子線描画装置用アクテイブマトリクスnc-Si面電子源の開発(III), 第74回応用物理学会学術講演会、京都(2013年9月) 16p-A13-7, 07-039.

14) 西野仁, 吉田慎哉, 小島明, 池上尚克, 越田信義, 田中秀治, 江刺正喜；超並列電子線描画装置のためのピアース型ナノ結晶シリコン電子源アレイの作製, 第30回「センサ・マイクロマシンと応用システム」シンポジウム, 仙台(2013年11月) 7PM1-B-1.

15) N. Ikegami, N. Koshida, A. Kojima, H. Ohyi, T. Yoshida and M. Esashi ; Active-matrix nanocrystalline Si electron emitter array with a function of electronic aberration correction for massively parallel electron beam direct-write lithography : electron emission and pattern transfer caracteristics, J. Vac. Sci. Technol., B31 (6) (2013) 06F703 (8pp).

16) A. Kojima, N. Ikegami, H. Ohyi, N. Koshida and M. Esashi ; Development of electron projection lithography using wafer-size nc-Si surface electron emitter, Micro-Nano Conference (MNC 2013), Sapporo (Nov. 2013) 6C-3-2.

17) H. Nishino, S. Yoshida, A. Kojima, N. Ikegami, N. Koshida, S. Tanaka and

M. Esashi ; Development of MEMS pierce-type nanocrrystalline Si electron-emitter array for massively parallel electron beam direct writing, Tech. Digest IEEE MEMS 2014, San Francisco (Jan. 2014) 467-470.

18) A. Kojima, N. Ikegami, T. Yoshida, H. Miyaguchi, H. Nishino, M. Sugata, S. Yoshida, M. Muroyama, H. Ohyi, N. Koshida, and M. Esashi ; Massively parallel EB direct writing(MPEBDW)system based on microelectromechanical system (MEMS)/nc-Si emitter array, SPIE 2014 Advanced Lithography, San Jose (Feb. 2014) 9094.

19) 池上尚克, 小島明, 吉田孝, 西野仁, 宮口裕, 室山真徳, 大井英之, 越田信義, 江刺正喜 ; 超並列電子線描画装置用アクティブマトリックスnc-Si面電子源の開発 (IV), 第61回応用物理学会春季学術講演会, 東京 (2014年3月) 18p-F2-12.

20) 西野仁, 吉田慎哉, 小島明, 池上尚克, 田中秀治, 越田信義, 江刺正喜 ; 超並列電子線描画装置のためのピアース型ナノ結晶シリコン電子源アレイの作製, 電気学会論文誌E, 134 (6) (2014) 146-153.

21) 池上尚克, 小島明, 宮口裕, 吉田孝, 西野仁, 吉田慎哉, 室山真徳, 菅田正徳, 越田信義, 江刺正喜 ; 超並列電子線描画用アクティブマトリックスナノ結晶シリコン電子源の開発と動作特性評価, 第31回「センサ・マイクロマシンと応用システム」シンポジウム、松江 (2014年10月) 22am2-A4.

22) 宮口裕, 室山真徳, 吉田慎哉, 池上尚克, 小島明, 吉田孝, 戸津健太郎, 田中秀治, 江刺正喜 ; 超並列電子線描画用LSIの設計と評価, 第31回「センサ・マイクロマシンと応用システム」シンポジウム、松江 (2014年10月) 22pm1-A2.

23) 池上尚克, 小島明, 宮口裕, 吉田孝, 吉田慎哉, 室山真徳, 菅田正徳, 越田信義, 戸津健太郎, 江刺正喜 ; 超並列電子線描画装置用アクティブマトリックスナノ結晶シリコン電子源の開発と動作特性評価に関するレビュー, 電気学会論文誌E, 135-E (6) (2015) 221-229.

24) N. Koshida, A. Kojima, N. Ikegami, R. Suda, M. Yagi, J. Shirakashi, T. Yoshida, H. Miyaguchi, M. Muroyama, H. Nishino, S. Yoshida, M. Sugata, K. Totsu and M. Esashi ; Development of ballistic hot electron emitter and its applications to parallel processing : active-matrix massive direct-write lithography in vacuum and thin films deposition in solutions, Proc. SPIE, Alternative Lithographic Technologies VII, San Jose, California (Feb. 2015)

9423.

25) N. Koshida, A. Kojima, N. Ikegami, R. Suda, M. Yagi, J. Shirakashi, H. Miyaguchi, M. Muroyama, S. Yoshida, K. Totsu and M. Esashi ; Development of ballistic hot electron emitter and its applications to parallel processing ; active-matrix massive direct-write lithography in vacuum and thin films deposition in solutions, J. Micro/Nanolith. MEMS MOEMS 14 (3)(2015) 031215.

26) 宮口裕，室山真徳，吉田慎哉，池上尚克，小島明，金子亮介，戸津健太郎，田中秀治，越田信義，江刺正喜；超並列電子線描画用LSIの設計と評価，電気学会論文誌E, 135（10)(2015) 374-381.

27) 小島明，池上尚克，宮口裕，吉田慎哉，室山真徳，戸津健太郎，越田信義，江刺正喜；超並列電子線描画装置用nc-Si（ナノシリコン）面電子源のためのMEMS静電コンデンサレンズアレイの開発，第32回「センサ・マイクロマシンと応用システム」シンポジウム、新潟（2015年10月）28pm3-B-2.

28) 宮口裕，室山真徳，吉田慎哉，池上尚克，小島明，田中秀治，江刺正喜；17×17並列電子線露光システムの開発，第32回「センサ・マイクロマシンと応用システム」シンポジウム、新潟（2015年10月）28am2-A-5,

29) M. Esashi, A. Kojima, N. Ikegami, H. Miyaguchi and N. Koshida ; Development of massively parallel electron beam direct write lithography using active-matrix nanocrystalline-silicon electron emitter arrays, Microsystems & Nanoengineering, 1 (2015) 15029 (8pp).

30) M. Esashi, N. Koshida, A. Kojima, N. Ikegami, H. Miyaguchi, S. Yoshida, M. Muroyama and Y. Suzuki ; Application of MEMS technology to next generation lithography-massive parallel electron beam lithography and filter for EUV-, China Semiconductor Tech. Internal. Conf. (CSTIC 2015), Shanghai (March 2015).

31) A. Kojima, N. Ikegami, T. Yoshida, H. Miyaguchi, M. Muroyama, S. Yoshida, K. Totsu, N. Koshida, M. Esashi ; Development of a MEMS electrostatic condenser lens array for nc-Si surface electron emitters of the massive parallel electron beam direct-write system, Proc. of SPIE, 97777 (2016).

32) H. Miyaguchi, A. Kojima, N. Ikegami, M. Muroyama, S. Yoshida, N. Koshida and M. Esashi ; Massive parallel electron beam direct write (MPEBDW), Proc. of the 11th IEEE Annual Interl. Conf. on Nano/Micro Engineered

and Molecular Systems (IEEE NEMS), Matsushima (April 2016) A1L-B-2, 1144.

33) N. Ikegami, T. Yoshida, A. Kojima, H. Miyaguchi, M. Muroyama, S. Yoshida, K. Totsu, N. Koshida and M. Esashi ; Fabrication of through silicon via with highly phosphorus-doped polycrystalline Si plugs for driving an active-matrix nanocrystalline Si electron emitter array, Proc. of the 11th IEEE Annual Interl. Conf. on Nano/Micro Engineered and Molecular Systems (IEEE NEMS), Matsushima (April 2016) C2L-B-5, 1188.

34) A. Kojima, N. Ikegami, T. Yoshida, H. Miyaguchi, S. Yoshida, M. Muroyama, K. Totsu and M. Esashi ; Development of MEMS electrostatic condenser lens array of the massive parallel electron beam direct-write system, Proc. of the 11th IEEE Annual Interl. Conf. on Nano/Micro Engineered and Molecular Systems (IEEE NEMS), Matsushima (April 2016) C2L-F-5, 1197.

35) 宮口裕, 室山真徳, 吉田慎哉, 池上尚克, 小島明, 田中秀治, 江刺正喜 ; 17×17並列電子源駆動システムの開発, 電気学会論文誌E, 136 (9)(2016) 413-419.

36) 小島明, 池上尚克, 宮口裕, 吉田孝, 吉田慎哉, 室山真徳, 戸津健太郎, 越田信義, 江刺正喜 ; 超並列電子線描画装置における電子光学系の小型化の検討, 第33回「センサ・マイクロマシンと応用システム」シンポジウム, 新潟 (2016年10月) 25pm4-PS-018.

37) A. Kojima, N. Ikegami, H. Miyaguchi,T. Yoshida, R. Suda, S. Yoshida, M. Muroyama, K. Totsu, M. Esashi and N. Koshida ; Simulation analysis of a miniaturized electron optics of the Massively Parallel Electron Beam Direct-Write (MPEBDW) for multi-column system, SPIE Advanced Lithography 2017, San Jose (Feb.-Mar. 2017) 10144-20.

38) 小島明, 池上尚克, 宮口裕, 吉田孝, 須田隆太郎, 吉田慎哉, 室山真徳, 戸津健太郎, 江刺正喜, 越田信義 ; マルチカラム超並列電子線直接描画装置のための小型電子光学系シミュレーションと電子源開発の近況, 応用物理学会 次世代リソグラフィ技術研究会 (NGL2017), 東京 (2017年7月) P18.

## CNT, ダイヤモンド電子源

A1) P. N. Minh, L. T. T. Tuyen, T. Ono, H. Mimura, K. Yokoo and M. Esashi ; Carbon nanotube on a Si tip for electron field emitter, Jpn. J. Appl. Phys., 41 Part2 (12A)(2002) L1409-L1411.

A2) P. N. Minh, L. T. T. Tuyen, T. Ono, H. Miyashita, Y. Suzuki, H. Mimura and M. Esashi ; Selective growth of carbon nanotubes on Si microfabricated tips and application for electron field emitters, J. Vac. Sci. Technol. B 21 (4) (2003) 1705-1709.

A3) P. N. Minh, T. Ono, N. Sato, H. Mimura and M. Esashi ; Microelectron field emitter array with focus lenses for multielectron beam lithography based on silicon on insulator wafer, J. Vac. Sci. Technol., B22 (3)(2004) 1273-1276.

A4) J. H. Bae, P. N. Minh, T. Ono and M. Esashi ; Schottky emitter using boron-doped diamond, J. Vac. Sci. Technol., B22 (3)(2004) 1349-1352.

A5) P. N. Minh, P. N. Hong, T. M. Cuong, T. Ono and M. Esashi ; Utilization of carbon nanotube and diamond for electron field emission devices, Proc. MEMS'2004, Maastricht (Jan. 2004) 430-433.

A6) P. N. Minh, N. T. Hong, N. Q. Minh, P. H. Khoi, Y. Nomura, T. Ono and M. Esashi ; Schottky emitters with carbon nanotubes and diamond as electron source, Technical Digest of Transducers 2005, Seoul (June 2005) 267-270.

A7) W. Cho, T. Ono and M. Esashi ; Proximity electron lithography using permeable electron window, Applied Physics Letters, 91 (2007) 044104.

A8) J. Ho, T. Ono, C. H Tsai and M. Esashi ; Photolithographic fabrication of gated self-aligned parallel electron beam emitters with a single-stranded carbon nanotube, Nanotechnology, 19 (2008) 365601 (5pp).

A9) C. H. Tsai, J. Y. Ho, T. Ono and M. Esashi ; Parallel electron beam microcolumn with self-aligned carbon nanotube emitters, MEMS 2008 Technical Digests, Tueson (Jan. 2008) 355-358.

## 光制御型並列電子源

B1) 友納栄一, 宮下英俊, 小野崇人, 江刺正喜 ; 光制御型並列電子源, 平成22年電気学会全国大会, 東京 (2010年3月) 3-015, 21.

B2) E. Tomono, H. Miyashita, T. Ono and M. Esashi ; Optically-controlled multi electron source, The 5th Asia-Pacific Conference on Transducers and Micro-Nano Technology (APCOT 2010), Perth (July 2010) 78-79.

B3) 田中雄次郎, 友納栄一, 宮下英樹, 江刺正喜, 小野崇人；並列電子線描画システムのための光スイッチング電子源アレイ, 第28回「センサ・マイクロマシンと応用システム」シンポジウム, 東京（2011年9月）C3-2.

B4) Y. Tanaka, E. Tomono, H. Miyashita, M. Esashi and T. Ono ; Optically-switchable field-emitter array for parallel electron beam lithography system, The 28th Sensor Symposium on Sensors, Micromachines and Applied Systems, Tokyo (Sept. 2011) 34.

B5) Y. Tanaka, H. Miyashita, M. Esashi, and T. Ono ; An optically switchable emitter array with carbon nanotubes grown on a Si tip for multielectron beam lithography, Nanotechnology, 24 (2012) 015203 (6pp).

## 電子レンズ

C1) 友納栄一, 宮下英俊, 小野崇人, 江刺正喜；並列電子源のためのアインツェルレンズアレイの作製, 第56回応用物理学関係連合講演会 講演予稿集, つくば（2009年3月）1a-X-24, 755.

C2) E. Tomono, H. Miyashita, T. Ono and M. Esashi ; Fabrication of Einzel lens array with one-mask RIE process for electron micro-optics, Tech. Digest Transducers 2009, Denver (June 2009) 853-856.

C3) 友納栄一, 宮下英俊, 川合祐輔, 小野崇人, 江刺正喜；電子線集束レンズを集積化した並列電子源の作製, 第70回応用物理学会学術講演会、富山（2009年9月）10o-ZM-3, 664.

C4) E. Tomono, H. Miyashita, T. Ono and M. Esashi ; Fabrication technique of einzel lenz array with RIE process, Extended Abstracts of the 2009 Internl. Conf. of Solid State Devices and Materials, Sendai (Oct. 2009) 1324-1325.

C5) H. Miyashita, E. Tomono, Y. Kawai, M. Esashi and T. Ono ; Fabrication of Einzel lens array with one-mask reactive ion etching process for electron micro-optics, Jap. J. Appl. Phys, 50 (2011) 106503 (5pp).

# 索　引

## 数字・アルファベット

| | |
|---|---|
| 3Dプリンタ | 3 |
| Fowler–Nordheim（F-N）プロット | 110 |
| GEMINIレンズ | 54 |
| nc-Si | 106-116、127-130、135-137、139-146、151-154 |
| Si貫通配線（Through Silicon Via（TSV）） | 127、133、139、163 |
| Si深堀反応性イオンエッチング（Deep Reactive Ion Etching（Deep RIE）） | 90、133、163、166 |
| μカラムアレイ方式 | 6、10 |

## あ・ア行

| | |
|---|---|
| アインツェルレンズ | 43、170 |
| アクティブマトリックス（マルチ）電子源 | 6、121 |
| アノードアパーチャ（アレイ） | 26、145-149、170、183、185、215 |
| アパーチャレンズ | 35-39、45 |
| 色収差 | 54、64、67、115 |
| インクジェット法 | 3 |
| 液浸露光 | 195 |

## か・カ行

| | |
|---|---|
| 回折収差 | 64-66 |
| ガウシャンビーム方式 | 4 |
| 可変成形ビーム（VSB）方式 | 6-8、201 |
| カーボンナノコイル（CNC） | 97-100 |
| カーボンナノチューブ（CNT） | 93-97、101-105 |
| カラム外電子源制御基板 | 174-176、183 |
| カラム内LSI駆動基板 | 173、183 |
| 幾何光学的収差 | 68 |
| キャラクタ投影（CP）方式 | 6、7、197、201 |
| 極端紫外（EUV）露光 | 195、198 |

## 

| | |
|---|---|
| クーロン反発 | 9、27、54、60-64 |
| 減圧化学気相堆積（Low Pressure Chemical Vapor Deposition（LP-CVD）） | 128 |
| コレクションレンズアレイ（CLA） | 123 |
| コンデンサレンズ（アレイ） | 26、55、60-62、145-151、170、183 |

## さ・サ行

| | |
|---|---|
| 磁気偏向 | 21 |
| 磁気レンズ | 46-48、50-54、68 |
| 収差 | 60、64、68、123 |
| 縮小電子光学系 | 26、55 |
| 縮小転写 | 1、6、13 |
| 縮小投影露光装置 | 1 |
| ショットキー効果（Shottky effect） | 101 |
| シングルビーム | 6、74 |
| ステップアンドリピート（S&R）方式 | 25、78 |
| スネルの法則 | 34、68 |
| 静電偏向 | 19-21、28、31 |
| 静電レンズ | 35、45、54、68 |
| 絶縁分離 | 125、151、156、162-168 |
| 像面湾曲 | 71、123-126、171 |

## た・タ行

| | |
|---|---|
| 大気中近接電子ビーム露光 | 97 |
| ダイヤモンド電界放射熱電子源 | 101 |
| ダイヤモンドショットキー電子源 | 101-103 |
| 多重描画 | 82、86 |
| 単一カラム | 6-8、10、11 |
| 単一電子源EB転写 | 13 |
| 弾道電子輸送効果 | 106 |
| 超並列電子ビーム描画（MPEBW） | 5、26、28、121、170、182-184 |
| 直接描画 | 2-5、121、195 |
| ディジタルパターンジェネレータ | 6、8、10、33 |

| | | | |
|---|---|---|---|
| ディジタルファブリケーション | 1-3 | ブランキング | 4、6、8、30-33 |
| デフォーカシングディスタンス | 60 | 分割マルチビーム縮小方式 | 6-10 |
| テレセントリック電子光学系 | 7 | 平面型電子源アレイ | 122、127-129、185 |
| 転写 | 1、6、11、13、14、130 | ベクター方式 | 74 |
| 電気化学的酸化（Electrochemical Oxidation（ECO）） | 128、136、153 | 偏向 | 19-24、28 |
| 電気的収差補正 | 123、125 | ポイントビーム方式 | 4、6、7、201 |
| 電子源 | 89、107、127、151、185、189 | 補完描画 | 83-85 |
| 電子源アレイ制御パネル | 182 | ホットフィラメント（HF）CVD | 2 |
| 電子源駆動LSI | 160-162、172-174 | | |
| 電子源ユニット | 170、172-174、177-180、185-187 | **ま・マ行** | |
| | | マスクレス描画 | 6 |
| 電子光学収差 | 64 | マスクレス露光 | 1、213 |
| 電子ビーム直接描画（直描） | 195、205 | マルチカラム | 6、10、81、122、189 |
| 電子ビームマスクライター | 7、198-200 | マルチ電子源 | 6、11-13、84、121、189、210 |
| 電子放出特性 | 113-115、128-130、145 | マルチ光電子源 | 6、11-13、103 |
| 電界放射電子源 | 89-93、95-97 | ミラーアレイ | 3、32、103 |
| 電界放射熱電子源 | 89、101 | 面電子源EB転写 | 14 |
| 等倍転写 | 1、6、13-15 | | |
| | | **や・ヤ行** | |
| **な・ナ行** | | 陽極酸化 | 108、128、136、139、153 |
| ナノインプリント（NIP） | 2、195 | | |
| ナノクリスタルシリコン（nc-Si）電子源 | 109、111-115、121、130、140-142、151 | **ら・ラ行** | |
| | | ラスター方式 | 74 |
| | | レジスト感度 | 27、74、197 |
| **は・ハ行** | | 連続移動方式 | 78 |
| バイポテンシャルレンズ | 39、45 | | |
| 光制御電子源 | 103-105 | **わ・ワ行** | |
| 光電子源 | 11、14 | 歪曲収差 | 71、123-126、147、171 |
| 光面電子源EB転写 | 14 | | |
| ピアース型電子源 | 151-156 | | |
| ビーム照射電荷量 | 73 | | |
| ビームブランキング | 8、30-33 | | |
| 描画 | 6、72、121、195 | | |
| 描画速度 | 72、200、211 | | |
| フォトリソグラフィ | 1、213 | | |
| 部分一括方式 | 7 | | |

# 著者略歴

### 江刺 正喜（えさし まさよし）

1971年東北大学工学部電子工学科卒。1976年同大学院博士課程修了。同年より東北大学工学部助手、1981年助教授、1990年より教授となり現在（東北大学 マイクロシステム融合研究開発センター（μSIC））に至る。半導体センサ、マイクロシステム、MEMS（Micro Electro Mechanical Systems）の研究に従事。

### 宮口 裕（みやぐち ひろし）

1979年慶應義塾大学工学研究科電気工学専攻修士課程修了。同年、㈱東芝に入社し、ビデオ機器および関連LSIの開発。1987年日本テキサスインスツルメンツ㈱に入社し、ビデオ信号処理DSPとそのアプリケーションの開発。2011年東北大学マイクロシステム融合研究開発センターにて触覚センサーシステムならびに超並列電子線直接描画装置の開発に従事。2017年より東北大学革新的イノベーション研究機構に勤務。

### 小島 明（こじま あきら）

2003年東京農工大学工学研究科にて博士（工学）取得。2007年より2013年まで㈱クレステックにて、ナノ結晶シリコン電子源を応用した面電子線露光の研究開発。2014年より東北大学マイクロシステム融合研究開発センターにて超並列電子線直接描画装置の開発。2017年より㈱カンタム14に勤務。

### 池上 尚克（いけがみ なおかつ）

1984年慶応義塾大学工学部電気工学科卒業。1998年同大学大学院理工学研究科より博士（工学）。1984年〜2009年沖電気工業㈱にてDRAM、完全空乏型SOIデバイス対応プラズマエッチングプロセスの研究開発、量産立ち上げ、および多軸MEMS加速度＋ジャイロセンサの研究開発とその海外市場開拓等に従事。東北大学、東京農工大学を経て2014年東北大学マイクロシステム融合研究開発センターで超並列電子線描画装置の開発に従事。2017年よりGoertek Technology Japan㈱に勤務。

越田 信義（こしだ のぶよし）

1966年東北大学工学部電子工学科卒。1973年同大学院博士課程修了（工学博士）。日産自動車㈱中央研究所を経て、1981年東京農工大学助教授、1988年同教授、2009年同特任教授・名誉教授、現在に至る。この間、米MIT客員研究員（1992-1993）、仏J.フーリエグルノーブル大学招聘客員教授（1996）、㈱カンタム14 CTO（2003～）。ナノ構造シリコンなどの光電子材料・デバイスに関する研究に従事。米Electrochemical Societyフェロー（2006）、応用物理学会フェロー（2007）。

菅田 正徳（すがた まさのり）

1985年慶應義塾大学工学研究科電気工学専攻修士課程修了。同年、日本電子㈱に入社し可変成形EB描画装置の開発、メディアドライブ㈱にて文字認識、音声認識の商品化、㈱日本コンラックスにて貨幣識別機器の開発を経て、2009年より㈱クレステックにて、EB描画装置開発および超並列電子線描画システムの開発に従事。

大井 英之（おおい ひでゆき）

静岡大学工学部電子工学科を卒業。1965年から1975年まで日本電子㈱にてSEMやEPMAの開発に従事後、1975年から1995年までエリオニクス㈱で3D表面粗さ測定器を開発。1995年より㈱クレステックの代表取締役社長として、30kVから130kVのガウシャンビーム電子線描画装置をてがけ、2010年からは東北大学や東京農工大学と超並列電子ビーム描画装置を開発。

左から、宮口 裕、江刺 正喜、小島 明、池上 尚克、大井 英之、菅田 正徳、越田 信義

## 超並列電子ビーム描画装置の開発
—— 集積回路のディジタルファブリケーションを目指して ——

Development of Massive Parallel Electron Beam Write System:
Aiming at Digital Fabrication of Integrated Circuits

©Masayoshi ESASHI, Hiroshi MIYAGUCHI, Akira KOJIMA,
Naokatsu IKEGAMI, Nobuyoshi KOSHIDA,
Masanori SUGATA, Hideyuki OHYI, 2018

2018年6月6日　初版第1刷発行

著　者　江刺 正喜・宮口 裕・小島 明・池上 尚克
　　　　越田 信義・菅田 正徳・大井 英之
発行者　久道 茂
発行所　東北大学出版会
　　　　〒980-8577　仙台市青葉区片平2-1-1
　　　　TEL：022-214-2777　FAX：022-214-2778
　　　　http://www.tups.jp　E-mail：info@tups.jp
印　刷　社会福祉法人　共生福祉会
　　　　萩の郷福祉工場
　　　　〒982-0804　仙台市太白区鈎取御堂平38
　　　　TEL：022-244-0117　FAX：022-244-7104

ISBN978-4-86163-296-9　C3054
定価はカバーに表示してあります。
乱丁、落丁はおとりかえします。

**JCOPY**　<出版者著作権管理機構　委託出版物>

本書の無断複製は著作権法上での例外を除き禁じられています。複製される場合は、そのつど事前に、出版者著作権管理機構（電話03-3513-6969、FAX 03-3513-6979、e-mail: info@jcopy.or.jp）の許諾を得てください。